Johann Schwarzinger

SITZPLATZWECHSEL

Tipps und Tricks für Fluglehrer und artverwandte Aviatiker

Autor: Johann Schwarzinger
Umschlaggestaltung, Illustration: Johann Schwarzinger
Lektorat, Korrektorat: Angelika Pudmich, Stephan Schwarzinger

Verlag: Buchschmiede von Dataform Media GmbH, Wien

ISBN 978-3-99093-844-7 (Paperback)
ISBN 978-3-99093-845-4 (Hardcover)
ISBN 978-3-99093-846-1 (e-Book)

Printed in Austria

Für Fragen und Anregungen:
mysky@schwarzinger.com

Aus Gründen der besseren Lesbarkeit wird in diesem Buch die Sprachform des generischen Maskulinums verwendet. Es wird an dieser Stelle darauf hingewiesen, dass die ausschließliche Verwendung der männlichen Form geschlechtsunabhängig verstanden werden soll.

Inhalt

Vorwort

Es ist ein kleiner Schritt in Metern aber ein großer Schritt im Kopf desjenigen, der diesen Weg zurücklegt.

...der Schritt vom linken auf den rechten Sitz...

Als Berufspilot erscheint dies im allgemeinen Kontext ja eher kontraproduktiv zu sein. Dort ist selbstverständlich die linke Seite ein wichtiges Ziel. Ihr wisst aber ohnehin, was ich eigentlich damit meine...
Als bisheriger Freizeitpilot ist üblicherweise die Linksperspektive die vertraute Version. Die Hubschrauber- und Segelflieger mögen mir an dieser Stelle die Verallgemeinerung verzeihen. Es gilt sinngemäß natürlich auch seitenverkehrt, bzw. hinten vs. vorne,).
Auf diesem gewohnten Platz hat man seinen allerersten Schulflug absolviert, all seine bisherigen Erfahrungen gesammelt, alle Handgriffe sind vertraut und sitzen wie im Schlaf.
Und irgendwann ist er da – der Wunsch etwas weiterzugeben, das Anliegen auch andere dorthin zu begleiten, wo du dich wohlfühlst, dorthin wo du deine große Begeisterung lebst. Dorthin wo du der restlichen Welt entsteigst und alles, was sich nicht in und um dein Flugzeug abspielt sehr klein und fern wird. Wo geht dies in der Fliegerei besser als in der Ausbildung? Wie entsteht aber nun der konkrete Wunsch sich dorthin entwickeln zu wollen? Es gibt jedenfalls bis zum Erreichen dieses Zieles, abgesehen von den geforderten Zugangsvoraussetzungen, auch sonst noch Einiges zu tun. Und ist es kein kleiner, kein leichter und auch kein ganz billiger Weg.
Ich selbst entdeckte die Liebe für das, was ich nun schon viele Jahre tue,

als in meinem Heimatverein ein neues Schleppflugzeug angeschafft wurde. Ich hatte, gemeinsam mit einem zweiten Kollegen das Vergnügen, die neue Maschine direkt beim Hersteller abzuholen und zu überstellen. Wir erhielten dort eine sehr intensive Einweisung und flogen anschließend das Flugzeug nach Hause. Dadurch waren wir beide auch diejenigen, die allen anderen Vereinskollegen das frisch erworbene Grundwissen mitsamt Handling an unsere Kollegen weiterzugeben hatten.
Für mich also – die ersten Flüge am rechten Sitz. Diese Aufgabe machte mir von Mal zu Mal mehr Spaß und ich versuchte schon damals, nach immer besseren Methoden zu suchen und diese zu optimieren.

Mein Entschluss stand fest – ich wurde Fluglehrer!

Vieles wird im Laufe der Zeit zur Routine und spielt sich mehr oder weniger fast von selber ein.

Vieles – aber nicht alles!

Immer wieder stößt man an Grenzen, die nicht im rein fliegerischen Bereich liegen.
Aus dem Wunsch nach Verbesserung begann ich, wie es mich auch in anderen Lebensbereichen immer wieder einholt, intensiv nach Wegen zu suchen, wie ich meine Unterrichtstechniken und meinen Umgang mit Flugschülern weiter verbessern könnte.
So begann ich, alle greifbaren Unterlagen über Psychologie, Pädagogik, Methodik und Didaktik zu studieren und unterschiedlichste Lehrveranstaltungen zu besuchen. Den spürbar großen Schritt nach vorne hat dies für mich allerdings nicht gebracht.
Eines Tages wurde ich durch ein Gespräch mit einem Freund auf das Thema NLP aufmerksam.

Was hat aber NLP mit der Vermittlung von fliegerischem Wissen und Fertigkeiten zu tun?
So begann ich mich einmal mit einer grundsätzlichen Frage zu beschäftigen: „Was ist eigentlich NLP und woher kommt es?“
Neuro-Linguistisches-Programmieren, so die vollständige Bezeichnung, hat kaum etwas damit zu tun, was immer gerne fälschlicherweise unterstellt wird. Aussagen wie: „Das ist doch nur etwas für Politiker die manipulieren wollen“ sind genauso einfach wie falsch. Vielmehr ist NLP ein Werkzeugkasten für die Kommunikation mit sich und anderen.
NLP ist eine große Box mit Techniken und Methoden, die wir nutzen können, um wirkungsvoll mit uns selbst und mit anderen zu kommunizieren.

Was ich dabei über die im NLP verwendeten Techniken erfuhr war mir zwar nicht ganz fremd, aber die Herangehensweise in der Be- und Verarbeitung vieler Situationen ist wesentlich strukturierter, als ich es bis dahin kannte und in meiner Ausbildungspraxis angewendet hatte.
Ein gutes Aufeinander-Eingehen hilft sehr, die Kommunikation zwischen den Crewmitgliedern zu verbessern.
In unserem Ausbildungskontext sind das der „flight instructor“ und der „student pilot“.
(Eigentlich finde ich diese englischen Bezeichnungen etwas sympathischer als die deutschen Pendants - „Fluglehrer“ und „Flugschüler“, die schon im Wortlaut ein Gefälle beinhalten, welches manchmal zwar notwendig, aber nicht immer sehr konstruktiv ist.)
Der Einfachheit halber werde ich im Folgenden trotzdem bei den deutschen Bezeichnungen bleiben.
Der „Instructor“ sollte den „Studenten“ idealerweise auf seinem fliegerischen Lernweg begleiten; zuerst bis zur angestrebten Lizenz und - wie die Praxis zeigt - auch noch lange danach als „Mentor“.
Gerade die oft stark unterschiedlichen Zugänge zur Fliegerei machen es

notwendig, als Instructor ständig flexibel zu bleiben und in möglichst kurzer Zeit eine gute Basis mit dem Schüler aufzubauen.
Jeder Flugschüler ist individuell und braucht daher oft ganz unterschiedliche didaktische Methoden zur Vermittlung der notwendigen Fertigkeiten und des ebenfalls zugehörigen theoretischen Wissens.

Dabei spielen besonders die folgenden Faktoren eine wesentliche Rolle:

das Einstiegsalter
die spezifischen Vorkenntnisse
das jeweilige Talent

... und natürlich auch die generelle Erwartungshaltung ans Fliegen - entweder als zukünftigen Beruf oder als Hobby.
Alleine diese Bausteine zu einem gesamten Bild zu vereinen ist anspruchsvoll und bedarf neben Erfahrung auch einer guten Beobachtungsgabe, um die Wirkung jeder didaktischen Aktion richtig beurteilen zu können und sich mit dem Schüler über das Ergebnis im „Debriefing“ (möglichst positiv) auszutauschen.
Im vorliegenden Buch möchte ich die praktische Anwendung von unterschiedlichen Erklärungs- und Kommunikationstechniken im Rahmen der Pilotenausbildung auch anhand von konkreten Beispielen näher beleuchten.

Fliegen lernen... ?! JA! - ...aber wie?

Fliegen ist eine komplexe Angelegenheit.

Keine sehr neue Aussage – oder?

Man mag jetzt natürlich als „alter Hase“ verleitet sein zu glauben, dass dies nur zu Beginn so ist.
Nein - es bleibt komplex und vielschichtig - und zwar dauerhaft.
Wir (eben diese „alten Hasen“) nehmen dies aber gar nicht mehr so bewusst wahr, weil wir es bereits ausreichend lang und intensiv trainiert haben. *Wir empfinden* es daher gar nicht mehr als komplex.
Spätestens aber, wenn wir in die Situation kommen, jemand anderem die vielen Tätigkeiten und Abläufe erklären zu müssen, wird uns in ganzem Umfang erst wieder bewusst, was wir hier eigentlich alles gleichzeitig tun.
Zu Beginn meiner Lehrtätigkeit war genau dies aber dann die größte Herausforderung.
Wie erkläre ich es jetzt dem Flugschüler ohne ihn gleich zu überfordern?
Und genau diese Fähigkeit unterscheidet auch den Fluglehrer vom „normalen“ Piloten.
Unzählige fein- und grobmotorische Handlungen laufen gleichzeitig ab, ohne dass wir uns dessen überhaupt noch bewusst sind.
Alle diese Handlungen sind völlig automatisiert und gerade das macht es so schwer, sie systematisch zu erklären.
Hinzu kommt, dass die Situationen, in welchen diese Handlungen angewendet, bzw. eingesetzt werden, ständig wechseln können. ... und sie tun es auch!
Aber es gibt da noch ein anderes interessantes Phänomen.
Wenn man einem routinierten Piloten zusieht wie er ein Flugzeug fliegt könnte man den Eindruck gewinnen, dass er motorisch kaum etwas tut.
Dieser Eindruck ist auch richtig!

Er hat gelernt, dass ein Flugzeug, sofern es einmal für die gewünschte Fluglage richtig ausgetrimmt ist und das Powersetting passend gesetzt ist, nur mehr minimale Inputs benötigt, um einen stabilen Flugzustand auch beizubehalten.
Es gilt der Grundsatz: *„Störe nicht das Flugzeug ständig beim Fliegen"*
So sind auch Flugschüler nicht selten überrascht wie ruhig das Flugzeug plötzlich wird, wenn keine KEINE Inputs gegeben werden.
Gerade das fällt aber den Schülern am Anfang absolut nicht leicht - einfach mal wenig bis nichts zu tun und stattdessen zu beobachten, was das Flugzeug eigentlich macht, wenn keine Steuereingaben kommen.
Diese Fähigkeit, richtig zu Beobachten, braucht viel Training und eine gezielte Schärfung aller Sinne.
Zu Beginn ist ein Flugschüler erst einmal fast „erschlagen" von den vielen neuen Eindrücken. Besonders wenn jemand noch nie in einem Kleinflugzeug geflogen ist - und das kommt gar nicht mal so selten vor. Es gibt immer wieder neue Flugschüler, die bislang das Fliegen aus eigener Erfahrung nur durchs seitliche Airlinerfenster kannten.
Meist beginnt das ganz persönliche Flugschüler-Abenteuer mit einem ersten „Schnupperflug".
Ich nenne diesen gerne scherzhaft „Infektionsflug" - denn ihr wisst ja - Fliegen ist ein Virus den man sich einfängt, dann aber keine besonderen Ambitionen zu einer Heilung an den Tag legt.

Airline vs. PPL-Schule

Schon in der ersten Phase unterscheiden sich die individuellen Zugänge und Lehrmethoden.

Der Unterschied liegt auf der Hand.

Was für einen 20-jährigen zukünftigen Airliner perfekt passt und funktioniert, muss noch lange nicht beim älteren angehenden Freizeitflieger funktionieren.

Die Anforderungen für Fluglehrer, die in einer Ausbildungsorganisation für CPL/ATPL tätig sind, unterscheiden sich zum Teil gravierend von den Gegebenheiten in einer Flugschule, die sich mit der Grundausbildung zu einer LAPL oder PPL beschäftigt.

Natürlich heißt das nicht, dass Flugschüler in der einen oder der anderen Schule mehr oder weniger lernen oder am Ende weniger können müssen. Auch ein Jungflieger der seinen Weg zuerst in der Freizeitfliegerei beginnt, um dann in eine weiterführende Ausbildung in eine ATO zu gehen, muss sich schon in seiner Grundausbildung zur LAPL oder PPL solides fliegerisches Handwerkzeug erarbeiten.

Und das muss man auch nicht unbedingt von Beginn an in einer ATO erwerben, die Schüler speziell für den Einsatz im Airlinecockpit ausbildet.

Einer der grundlegendsten Unterschiede zwischen den „großen“ und den „kleinen“ Schulen ist auf jeden Fall der unterschiedliche Ausgangsstatus der Anwärter.

In einer reinen Airlinerschule wird üblicherweise aus hunderten (manchmal auch tausenden Bewerbern) ein Lehrgang mit meist rund 20 Anwärtern heraus“selektiert“.

Diese haben nun durch diese Filterung alle sehr ähnliche Fähigkeiten und Voraussetzungen. Damit sind sie praktisch auf einem recht homogenen gemeinsamen Ausgangslevel.

Ich möchte dies auf keinen Fall in irgendeiner Form als wertend verstanden

wissen - aber dort gilt es für einen Fluglehrer, auf eine völlig andere Art zu unterrichten als in einer „kleinen“ Schule.
In der Airlinerschule gibt es einen genau getimten Zeitplan, welcher natürlich konsequent eingehalten werden muss. Falls nun doch, trotz der vorangegangenen Selektion, einzelne Schüler nicht die entsprechen Leistungen in der vorgegebenen Zeit erbringen, müssen diese notgedrungenerweise ausgeschieden werden.
Sich im System Airline zurechtzufinden und dort kontinuierlich solide Leitungen zu erbringen bedingt auch ein hohes Maß an Anpassungsfähigkeit und Systemkompatibilität.
Das bedeutet auch, dass in diesem Bereich hohe Stressbelastung, gekoppelt mit einem meist unregelmäßigen Lebensrhythmus, eher die Regel als der Ausnahmefall ist.
Was bedeutet aber dies nun für uns als Fluglehrer?
Die Herausforderungen kehren sich praktisch um!

In einer kleinen Schule haben wir es mit extrem unterschiedlichen Zugängen und Voraussetzungen der Schüler zu tun. Die Palette reicht vom fast noch Jugendlichen, der bereits einiges an Erfahrung im Segelflug
oder gar mit Motorseglern gesammelt hat, bis zum 65-jährigen „Frischpensionisten“ der sich nun daran machen möchte seinen Lebenstraum vom Fliegen zu erfüllen.
Diese große Bandbreite an Herausforderungen sitzt nun nebeneinander auf der fliegerischen „Schulbank“. Dazu kommen noch unterschiedlichste berufliche Vorgeschichten, die selbstverständlich auch starke persönliche und emotionale Prägungen hinterlassen haben.
Dies wirkt sich ganz besonders bei älteren Schülern aus, die beispielsweise vielleicht sogar eine leitende Position in einem Unternehmen hatten und sich plötzlich in der Schülerrolle wiederfinden. Und es fällt erfahrungsgemäß nicht jedem wirklich leicht, sich von einem Fluglehrer, der vielleicht

auch noch deutlich jünger ist, zu seinem Ziel führen zu lassen.
Das kann für manchen Kollegen echt fordernd sein. Trotzdem gilt es immer, Professionalität nicht mit schulmeisterndem Gehabe zu verwechseln. Denn dies führt fast nie zum erwünschten Erfolg, sondern oft ganz schnell zu menschlichen Verwerfungen, die für das zu erreichende Ziel - ein solider und sicherer Pilot zu werden - nicht sehr förderlich ist.
In meiner eigenen Instructor-Karriere musste ich mir gerade zu diesem Thema sehr vieles an Erfahrung einfach selbst erarbeiten.
„Natürlich muss man Erfahrung sammeln" - werden sich viele von euch jetzt sagen.
Ich meine damit aber nicht die rein fliegerisch-pädagogische, sondern die Fähigkeit den richtigen Zugang zu jedem Schüler zu finden.
Wobei das Wort „jeder" auch schon wieder mit Vorsicht zu genießen ist.
Auf dieses Thema gehe ich aber erst später noch ausführlich ein (Kapitel „Transaktionsanalyse").

Fluglehrer und Flugschüler - zwei Individuen treffen aufeinander

Logischerweise spielt der zwischenmenschliche Faktor eine oft unterschätzte Rolle in der Ausbildung.
Primäres Ziel ist natürlich die Vermittlung von Kenntnissen und Fähigkeiten.
Dieses zu erreichen ist aber nicht nur reines Handwerk und dessen Weitergabe, sondern auch zu großen Teilen Bewusstseinsbildung und Begleitung bei einer nicht nur fliegerischen, sondern auch persönlichen Entwicklung vom Fußgänger zum Flieger.
Und es ist immer wieder schön diesen Weg als Fluglehrer zu begleiten und zu beobachten.

Fliegen „lernen" - was heißt das nun?

In unserem Alltagsverständnis bezeichnet man lernen meist dann als solches, wenn man sich bewusst Kenntnisse und Fähigkeiten erarbeitet, bzw. aneignet.

Diese Art des Lernens ist sehr oft mit den ehemaligen Erlebnissen und damit verbundenen Gefühlen der eigenen Schulzeit verknüpft.

Nachdem aber nicht jeder, damit nur positive Erinnerungen verknüpft, kann allein schon die Tatsache, etwas „lernen zu müssen" unter Umständen auch einen unangenehmen Beigeschmack haben.

Für viele besteht der wesentliche Unterschied zur Schule sicher in der Begeisterung für das große Ziel, das es zu erreichen gilt. Immerhin begibt sich niemand in eine solche Ausbildung, wenn nicht schon von vorneherein eine sehr große Faszination fürs Fliegen vorhanden ist.

Auch die anfallenden Kosten zu tragen zeugt schon einer außerordentlichen Bereitschaft, hier sehr aktiv mitzuarbeiten. Dies sollte auch dem Fluglehrer immer wieder bewusst sein.

Speziell dann, wenn einmal gerade nicht alles so rund läuft wie er es sich vielleicht vorstellt.

Gerade bei jenen Tätigkeiten, für die eine große Begeisterung besteht, verhält es sich sehr oft so, dass ein unbeabsichtigtes und nicht bewusstes Lernen abläuft.

Das ist grundsätzlich etwas Positives, ist aber meist nicht erfolgskontrolliert.

Es gilt als Lehrer nun das Lernen so zu gestalten und zu lenken, dass es auch zu einem messbaren Erfolg führt.

Der erste Kontakt zwischen Lehrer und Schüler

In der Regel findet der Erstkontakt mit flugbegeisterten Interessenten entweder per Telefon oder per E-Mail statt.
Innerhalb dieser beiden Varianten ziehe ich eindeutig das Telefonat dem E-Mail vor.
Es ist zwar von der Qualität eines persönlichen Treffens immer noch weit entfernt aber es ist wesentlich einfacher, sich dabei einen ersten Eindruck vom (akustischen) Gegenüber zu verschaffen als einen geschriebenen Text zu lesen.
In meiner Praxis gebe ich per E-Mail eine kurze sachliche Antwort auf die gestellten Fragen und schlage dann als ersten weiteren Schritt immer ein möglichst zeitnahes Telefonat vor.
Es gibt gerade im Rahmen des frühen Kontaktes zwischen Schule und Schüler sehr viele Dinge, die gemeinsam erörtert werden müssen.
In vielen Situationen, egal ob Vereins- oder gewerbliche Schule wird der potenzielle Flugschüler aber zuerst einen Büromitarbeiter oder einfach einen Vereinsfunktionär am Telefon haben.
Hier gilt es zu trachten, dass der Interessent baldmöglichst mit einem Fluglehrer - idealerweise mit dem Ausbildungsleiter - in ein Gespräch kommen kann.
Dieser sollte in der Rolle des „Auskunftgebers“ in der Lage sein, möglichst früh zu erkennen, welche Wünsche und Ziele vorhanden sind, ob sich diese entsprechend umsetzen lassen und was die etwaigen Voraussetzungen dafür sind.

Der nächste Schritt ist idealerweise immer das persönliche Gespräch.
Bei diesem ersten „face-to-face“ Treffen lassen sich die ersten Kommunikations- und Analysetechniken bereits bestens einsetzen.

Das erste persönliche Gespräch

Eines der wichtigsten Ziele ist es, eine gute Gesprächs- und Vertrauensbasis zum interessierten, potenziellen Schüler aufzubauen. Schon nach kurzer Zeit wird man leicht feststellen können ob man einen extrovertierten oder introvertierten Menschen vor sich hat.
Dies könnte man bereits als eine erste Weichenstellung im Umgang miteinander bezeichnen.
Wir als Fluglehrer müssen wissen, was für den Schüler in der Kommunikation wichtig ist und was ihn eher verwirrt.

Man könnte diese Fähigkeit andere einschätzen zu können, auch unter dem simplen Begriff „Menschenkenntnis“ zusammenfassen.

Als Menschenkenntnis könnte man am ehesten die Fähigkeit bezeichnen, das Verhalten und die Persönlichkeit anderer Menschen richtig einzuschätzen, zu erkennen und richtig zu beurteilen.
Daraus ergibt sich auch die Fähigkeit vorauszusehen, wie jemand in unterschiedlichen Situationen reagieren und handeln wird.
Wer eine gute Menschenkenntnis besitzt, kann sich auch gut auf die Verhaltensweisen von anderen Menschen einstellen und damit umgehen. Gerade in der Flugausbildung eine unschätzbare Hilfe.

Die Welt ist voller Menschen – Demnach kann Menschenkenntnis ein Schlüssel zum Erfolg sein!

Diese ist uns allerdings nicht angeboren, sondern wir erwerben sie durch unterschiedlichste Erfahrungen im Umgang miteinander. Entscheidende Bausteine dieser Fähigkeit sind Intelligenz, Intuition und Lebenserfahrung. Um einigermaßen sicher feststellen zu können wie mein Gegenüber tickt, kann man sich aber nicht immer alleine auf Intuition verlassen.
Man kann auch auf leicht erlernbare Techniken zurückgreifen.

Eine dieser Techniken kann schon man im Rahmen des ersten persönlichen Gespräches (neben dem eigentlichen Gesprächsinhalt) körpersprachlich mittels der Techniken „pacing“ und „leading“ angewandt werden. Damit kann der sogenannte „Rapport“ hergestellt werden.

Was ist Rapport?
Es bedeutet Menschen auf ihrem Niveau anzusprechen und deren Sprache zu verwenden, um sie von Gedanken zu überzeugen, die sie nicht verstanden hätten, wären sie in einer anderen Form dargestellt worden.

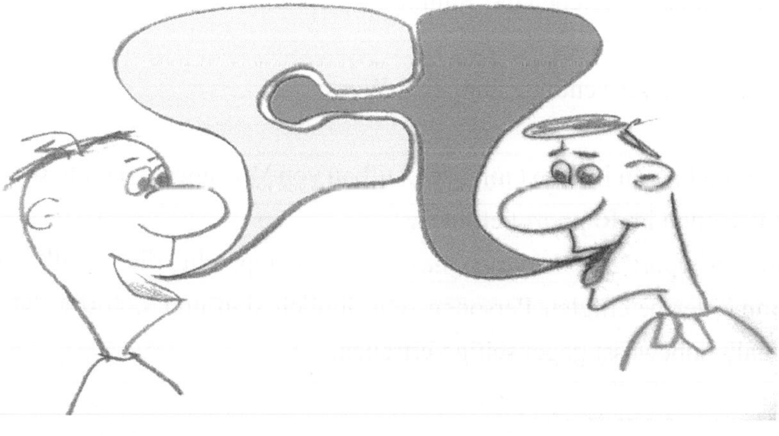

Was ist pacing und leading?

Das erklärte Ziel beim Pacing und Leading ist die Führung einer oder mehrerer Personen. Die Basis dieser Technik ist das Gewinnen von Vertrauen (der zu führenden Personen).

- Vertrauen wird definiert als subjektive Überzeugung von der Richtigkeit, Wahrheit bzw. Redlichkeit von Personen, von Handlungen, Einsichten und Aussagen eines anderen.

Pacing

Beim Pacing (englisch: *Schritt halten*) gleicht die Person, die führen will, ihre Verhaltensweisen bewusst an die Verhaltensweisen der zu führenden Personen an. Damit versucht sie das Vertrauen der Personen zu gewinnen.

Dies kann auf folgenden Ebenen erfolgen:

- Körpersprache: Angleichen der Haltung, Gestik und Atemfrequenz.
- Mimik: Angleichen des Gesichtsausdrucks.
- Stimme: Angleichen der Stimmlage, der Lautstärke und der Sprechgeschwindigkeit.
- Sprache: Verwendung ähnlicher Wörter.

Man spricht – im Kontext mit dem Aufbau von Vertrauen – davon, dass sich die Personen im Rapport befinden.
Unter „Rapport“ versteht man, dass die Körpersprache, die Mimik und die Stimme der beteiligten Personen sehr ähnlich sind und sich die Personen deshalb unbewusst gegenseitig vertrauen.

Stark vereinfacht könnte man auch sagen:
„den guten Draht herstellen"

Leading

In diesem Rahmen kann die Person, die durch Pacing das Vertrauen einer Person erworben hat (was ja eine Grundvoraussetzung zwischen Lehrer und Schüler ist), zum Leading (deutsch: führen) übergehen, was der Lehrer letzten Endes fast die ganze Ausbildung lang praktiziert.
[http://www.compass-bc.de/docs/Pacing_Rapport_Leading.pdf]

Inhalte und Fragen beim ersten persönlichen Gespräch

Das Ziel dieses Erstgespräches ist es, möglichst viele Informationen über den potenziellen neuen Schüler zu erhalten.

- Was ist der Zugang zum Fliegen?
  (Simple Begeisterung, Modellfliegen, Gleitschirmfliegen...)

- Was sind die ersten und evtl. auch die weiteren Ziele?
  (Hobby oder evtl. auch später neben-/berufliches Fliegen...)

- Wie sieht der Zeitrahmen, bzw. das Zeitbudget aus?
  (Berufsleben, Studium, Schule, Pensionist...)

- Gibt es bereits entsprechende Vorbildung aus anderen Bereichen?
  (Dazu zählen auch etwaige berufliche Tätigkeiten; so wird beispielsweise ein Maschinenbauer oder Kfz-Mechaniker technische Zusammenhänge sehr schnell erfassen oder es werden einem Me-

diziner viele Lehrinhalte zum Thema „Menschliches Leistungsvermögen“, Flugphysiologie und Psychologie bereits einigermaßen vertraut sein).

Bei manchen Detailthemen bietet sich erfahrungsgemäß in solchen Konstellationen auch für den Lehrer eine Situation des gegenseitigen fachlichen Austausches an, von welchem dann beide Seiten profitieren können.

Der Rahmen eines solchen Gespräches kann es unter Umständen auch schon möglich machen, etwas über die bevorzugten Sinneskanäle und damit etwas über den spezifischen Lerntyp des zukünftigen Schülers zu erfahren.

Um dieses Gespräch für beide Seiten möglichst informativ führen zu können, ist es eine Grundvoraussetzung, genau und konzentriert zuzuhören. Die Fähigkeit, die Aufmerksamkeit in einer Gesprächssituation wirklich auf das Gegenüber zu fokussieren, ist uns in der heutigen Zeit mitsamt der ständigen rundum Reizüberflutung ein wenig abhandengekommen.

Daher heißt es - trainiere dies ganz gezielt - nimm Dich zurück und höre genau hin!

Dazu auf den nächsten Seiten ein kleiner –
fast philosophischer - Exkurs zu Thema „Zuhören“

ECOUTER - ZUHÖREN

Zuhören -

- ist wahrscheinlich das schönste Geschenk, das wir jemandem machen können.

Es ist, wie wenn man ihm sagen würde, zwar nicht mit Worten, aber mit den Augen, mit dem Gesicht, mit dem Lächeln und mit dem ganzen Körper. Du bist wichtig für mich, du bist interessant, ich bin glücklich, dass du da bist..."
Es erstaunt also nicht, dass die beste Art, sich selber kennenzulernen. die ist, angehört zu werden.

Zuhören -
- beginnt damit zu schweigen ...
Habt ihr schon bemerkt, wie oft in sogenannten „Dialogen Ausdrücke von der Art fallen: „Das ist wie ich, als ....'' oder „Das erinnert mich daran, was mir passiert ist."
Sehr oft ist das, was der andere gesagt hat nur eine Gelegenheit um von sich selber zu sprechen. Zuhören, heißt damit beginnen, das eigene innere Kino anzuhalten, dem inneren Monolog Einhalt zu gebieten, um sich durch den Anderen verwandeln zu lassen.
Es bedeutet zu akzeptieren, dass der Andere in uns Einzug hält, wie wenn er in unser Haus eintreten würde, um sich einen Moment niederzulassen indem er sich mit Wohlbehagen in unser Fauteuil setzt.

Zuhören -
- heißt wirklich alles fallen zu lassen, was uns beschäftigt, um dem Anderen unsere ganze Zeit zu widmen.
Es ist wie ein Spaziergang mit einem Freund: Man passt sich seinem Schritt an, geht nah bei Ihm, aber ohne ihn zu beengen, man lässt sich von ihm führen, hält inne mit ihm, bricht wieder auf, für nichts, für ihn.

Zuhören -
- heißt nicht versuchen, dem Anderen zu antworten, denn man weiß, dass der Andere in sich selber alle Antworten für seine eigenen Fragen trägt. Es bedeutet, sich zurückzuhalten, an der Stelle des anderen denken

zu wollen, ihm Ratschläge zu geben oder sogar ihn verstehen zu wollen.

Zuhören heißt, den Anderen mit Anerkennung zu empfangen, so wie er sich zu erkennen gibt, ohne sich an seine Stelle zu setzen, um ihm zu sagen, wie er zu sein hat. Es heißt offen sein gegenüber allen Themen, allen Erfahrungen, allen Lösungen, ohne zu interpretieren, ohne zu (ver)urteilen, indem man dem anderen die Zeit und den Raum lässt, seinen eigenen Weg zu finden.

Zuhören -

- heißt nicht zu wollen, dass jemand so oder anders sei, es heißt jene Qualitäten, die ihm eigen sind, kennen zu lernen. Jemandem, der leidet, Aufmerksamkeit zu schenken, bedeutet nicht, ihm eine Lösung oder eine Erklärung für sein Leiden zu geben, es bedeutet ihm zu erlauben, es auszusprechen und selber den Weg zu finden, wie er sich davon befreien kann.

Jemandem zuhören lernen -

- ist die nützlichste Übung für uns, um uns von unseren eigenen Nöten zu befreien. Zuhören bedeutet, dem Anderen zu geben, was man vielleicht uns nie gegeben hat.

Aufmerksamkeit, Zeit, eine liebevolle Anwesenheit. Indem wir lernen, den anderen zuzuhören, werden wir fähig, uns selber zuzuhören, unserem Körper und all unseren Gefühlen. Das ist der Weg, um der Erde und dem Leben lauschen zu lernen, zum Dichter werden, das heißt, das Herz spüren und die Seele der Dinge sehen.

Demjenigen, der zuhören kann, ist es gegeben, nicht mehr an der Oberfläche zu leben - er hat Teil an der inneren Vibration allen Lebens.

[Autor unbekannt]

Durch gezieltes Zuhören die Sinneskanäle filtern

Der Mensch nimmt die Umwelt mit seinen Sinnen wahr:

1. Visuell (mit dem Sehsinn, d.h. mit den Augen)
2. Auditiv (mit dem Hörsinn, d.h. mit den Ohren)
3. Kinästhetisch (spüren, d.h. mit allen Teilen seines Körpers, Tiefensensibilität / haptische Wahrnehmung / Propriozeptoren / Gleichgewichtsorgan)
4. Olfaktorisch (mit dem Geruchssinn, d. h. mit der Nase)
5. Gustatorisch (mit dem Geschmackssinn, d. h. mit der Zungen- und Rachenschleimhaut)

Die fünf Kommunikationskanäle werden mit **VAKOG** abgekürzt („**V**isuell, **A**uditiv, **K**inästhetisch, **O**lfaktorisch und **G**ustatorisch").
Man geht davon aus, dass ein oder zwei Sinneskanäle bevorzugt zum Erfassen von neuen Inhalten verwendet werden. Hierbei handelt es sich häufig um visuelle und akustische oder visuelle und kinästhetische Repräsentationen.
Die Theorie der „Lerntypen" basiert auf dieser Einteilung.

Aber hier nun ein kleines praktisches Beispiel aus einem Erstgespräch

Ein Ausbildungsinteressent beschreibt seinen Traum vom Fliegen...

„Schon als ich ein Kind war, haben mich Flugzeuge total begeistert und fasziniert.
Ich erinnere mich noch gut an die Triebwerksgeräusche und die Vibrationen im ganzen Haus, wenn die Flugzeuge gestartet sind. Wir haben ja ganz in der Nähe des Flughafens gewohnt und hatten sogar einen guten Blick dorthin .... „

Das heißt besonders die Eindrücke aus dem auditiven und kinästhetischen Bereich haben diese intensiven Erinnerungen hinterlassen und obwohl der Flughafen sogar zu sehen gewesen wäre, hat er den Anblick der Flugzeuge gar nicht erwähnt.
Dies lässt den Schluss zu, dass diese beiden Sinneskanäle dieser Person besonders gut im Unterricht zu nutzen sein werden.

Die Vermittlung von fachlichen Inhalten, die ja im Fachbereich Fliegerei durchaus sehr komplex sein können, lässt sich auf diese Weise wesentlich gezielter gestalten.

Wir müssen aber nicht immer nur einem einzigen Schüler etwas erklären, sondern meist einer ganzen Schülergruppe - zumindest im Theoriekurs.
Aus diesem Grund ist es auch fast immer notwendig über möglichst viele Kanäle die Inhalte zu transportieren, soweit dies auch immer möglich ist und sinnvoll erscheint.

Verteilung der Sinneskanäle im Lehrsaal

Die verfügbaren Lehrmittel haben in den letzten Jahren eine rasante technische Entwicklung mitgemacht, die natürlich auch nie wirklich abgeschlossen sein wird. Damit kommen immer wieder neue Techniken und Methoden zum Einsatz, die aber im Prinzip immer noch auf die Verteilung von Inhalten auf die einzelnen Wahrnehmungskanäle abzielen.
Auch wenn aktuell die Präsentation über Beamer und eine gängige Präsentationssoftware die Standard-Methode ist, würde ich trotzdem äußerst ungern auf meine gute alte Flipchart verzichten. Gerade die zwischendurch oft notwendigen Detailerklärungen lassen sich durch händisches Zeichnen sehr gut Unterstützen. Das Entstehen einer schnellen Handskizze hat erfahrungsgemäß einen sehr hohen Erinnerungs- und damit auch Lehrwert. Es führt nicht nur kurzfristig zu einem besseren Verständnis der Zusammenhänge, sondern bleibt oft - natürlich vorbehaltlich eines „griffigen“ Vortrages - gut im Langzeitgedächtnis.

Eine gesunde Portion Humor ist dabei auch oft sehr hilfreich.
Mehr zum Thema Humor in einem späteren Kapitel.

Die Maslowsche Bedürfnispyramide

Der Wohlfühlfaktor in der Ausbildung

Maslow gilt als der wichtigste Gründervater der humanistischen Psychologie, in der eine Psychologie seelischer Gesundheit angestrebt und die menschliche Selbstverwirklichung im Rahmen eines ganzheitlichen Konzepts untersucht wird.
Durch seine vereinfachende Darstellung einer Bedürfnishierarchie erlangte er weitreichende Bekanntheit.
Maslows Bedürfnishierarchie fand Eingang in andere Wissenschaften.
Das Thema „menschliche Bedürfnisse“ wird fachübergreifend in den Sozialwissenschaften, in der Theologie oder in der Philosophie ebenfalls behandelt. *[https://de.wikipedia.org/wiki/Maslowsche_Bedürfnishierarchie, 11.2.2020]*

In unserem Kontext kann man ebenfalls durch Beachtung einiger weniger Grundsätze nach Maslow eine gute Lernatmosphäre schaffen, wenn man einige wesentliche Dinge beachtet.
Im übertragenen Sinne würde das in etwa bedeuten:

Grund- und Existenzbedürfnisse

Es geht dem Schüler körperlich und seelisch gut.
Er hat adäquat gegessen und getrunken und ist ausgeschlafen.
Er hat seine Blase entleert - *gerade beim Fliegen mit Kleinflugzeugen ein wichtiger Punkt!*

Sicherheit

Der Schüler verfügt über eine solide materielle Grundsicherung.
Bei der Arbeit, mit der Wohnung und der Gesundheit passt alles und in der Familie ist auch alles in Ordnung.

Soziale Bedürfnisse

Der Flugschüler fühlt sich in der Lerngruppe wohl.
Die Kommunikation mit dem Fluglehrer verläuft positiv und offen.
Der Schüler hat im Umfeld des Fliegens bereits Freundschaften geschlossen.

Anerkennung und Wertschätzung

Der Umgang mit den anderen Schülern und den Lehrern ist wertschätzend.
Erfolgserlebnisse bringen zusätzliche Motivation.

Selbstverwirklichung

Es entstehen bereits neue Pläne, wie es nach der Ausbildung weitergeht.
Der Schüler entdeckt neue Potenziale und hat das Bedürfnis, seine Fähigkeiten weiter zu verbessern.

Alle diese Punkte können dazu beitragen, dass die Motivation sowohl in der theoretischen als auch in der praktischen Ausbildung nachhaltig erhalten bleibt.

Humor und Lernen
Warum Lachen die Merkfähigkeit erhöht

Laut Erkenntnissen aus der Gehirnforschung hilft Lachen dabei, sich zu entspannen, das Immunsystem zu stärken und sogar das Schmerzempfinden zu senken und die Selbstheilungskräfte zu erhöhen. Durch Lachen und Lächeln werden Glückshormone ausgeschüttet die, darüber hinaus helfen, Stress abzubauen und sogar Depressionen zu heilen. Außerdem können wir durch ein einfaches Lächeln schneller und besser lernen, denn ein Lachen gibt dem Gehirn ein positives Signal, durch das wir uns Dinge deutlich besser merken können.

Was Lachen für uns Flieger sonst noch bewirkt

- Bessere Ergebnisse in der Auffassung von Inhalten
- höhere Leistungs- und Konzentrationsfähigkeit des Gehirns
- wir bleiben länger wach und fit

Spielerisch und mit Humor lernen schon von klein auf

Tatsächlich fällt uns das Lernen schon von klein auf leichter, wenn wir es mit einem Lächeln verbinden. Sogar Babys lernen über diese Methode schneller, bzw. umgekehrt bedeutet das: Immer wenn Babys lachen, dann lernen sie auch. Das zumindest belegten französische Forscher der Universität Paris Descartes, die den Lerneffekt von 53 eineinhalbjährigen Babys einmal mit und einmal ohne lustige Showeinlage testeten. Das Ergebnis war eindeutig: Alle Kinder die lachten, bestanden den Test (bis auf ein Kind), von denen die nicht lachten, nur ein Fünftel und von denen ohne Einlage nur ein Viertel. Auch in der Schule ist Humor ein wichtiger Faktor, mit dem auch schwieriger Lernstoff spielerisch vermittelt werden kann.

[frei nach: „braineffect.com]

Also... es darf und soll ruhig Spaß machen!

Die fliegerischen Ziele des Schülers

Wenn ein Schüler z.B. eine PPL Ausbildung beginnen möchte und im Gespräch auch erwähnt, dass er unter Umständen danach in Richtung CPL/ATPL weiterschulen und eine Karriere in der Linienfliegerei anstreben möchte, ist das natürlich ein legitimer Plan.

Was aber, wenn der besagte Schüler (angenommen) 40 Jahre alt ist und sich bereits bei den englischen Ausdrücken in der aktuellen Ausbildung sehr schwer zurechtfindet?

Ich vertrete die Meinung, dass es zumindest eine unserer Pflichten ist, Schüler über die Anforderungen und etwaige herankommende Probleme in freundlicher und sachlicher Art zu informieren.
Die fliegerischen Ziele sollten schon zur Person passen und deren Umsetzung sollte auch einigermaßen realistisch sein.

Wir nennen dies „smarte“ oder „wohlgeformte“ Ziele...

„Wohlgeformte Ziele“ - was ist das?

Das Prinzip der „Wohlgeformtheit“ von Zielen hilft ganz besonders, die Planung effektiv und für alle Beteiligten auch sinnvoll und angenehm zu gestalten.

Positive Formulierung

Welche Lizenz/Berechtigung möchtest du erwerben?
Privat-, Berufs- oder Linienpilotenlizenz oder vielleicht den Segelflieger schein.
Nicht nur die höchste Stufe zählt, sondern die richtigen Schritte zum richtigen Ziel.
„Jede Reise beginnt mit dem ersten Schritt“ - sagt ein altes Sprichwort.
In einer Flugausbildung sind es viele kleine Schritte zum großen Ziel.

Messbar

Wann empfindet der Schüler sein Handeln als Erfolg?
Als Erfolg kann oft schon auch ein ganz kleiner Lernfortschritt wahrgenommen werden.

Was tatsächlich als solcher empfunden wird, hängt natürlich ganz individuell von der Persönlichkeit des Schülers ab. Auch diese kleinen erfolgreichen Schritte können vom Lehrer ganz gezielt zur weiteren Motivationsförderung genutzt werden.
Es gibt dagegen einige Momente und Phasen, die erfahrungsgemäß immer als große Schritte und damit auch als ganz besonderer Erfolg verbucht werden. Unabhängig von der jeweiligen Persönlichkeit habe ich noch keinen Flugschüler erlebt, für welchen z.B. der erste Alleinflug oder eine positiv abgelegte Prüfung nicht
große und einschneidende Erlebnisse waren.
Dies sind jene Augenblicke, die kein Flieger jemals wieder vergessen wird.
Somit werden diese Ereignisse auch als **großer** Erfolg und als wichtiger Schritt in Richtung des gesetzten Zieles empfunden.

Spezifisch

Wann erreicht der Schüler sein Ziel / oder auch Teilziel?
Wann stellt sich tatsächlich das Empfinden ein, dass er dieses auch erreicht hat?
Die Erfahrung zeigt, dass der überwiegende Teil der Lernenden sehr gut imstande ist, sich selbst richtig einzuschätzen.
Hin und wieder gibt es aber auch jene, deren Selbsteinschätzung sich nicht mit den tatsächlichen Fähigkeiten deckt.
In solchen Fällen ist der Lehrer besonders gefordert, die Ursache dieser Diskrepanz herauszufiltern und entsprechend gegenzusteuern. Wie bereits oben erwähnt, sind dies aber eher die Ausnahmefälle.
Auf dieses spezielle Thema gehe ich an einer späteren Stelle nochmals näher ein.

Das Erreichen der Ziele hängt in der Fliegerei oft auch sehr stark von äußeren Faktoren ab; schwierige Wetterlagen oder auch berufliche Situationen können es nötig machen, die erstellten Zeitpläne zu verändern.

Ressourcenorientiert:

Sind die gesetzten Ziele finanzierbar und mit den vorhandenen Fähigkeiten und Talenten wirklich erlernbar?

Nicht jeder hat das gleiche Grundtalent zum Fliegen.

Doch wenn die Begeisterung für die Sache groß ist, lässt sich das Fliegen und alles, was dazugehört, erlernen.

Die Arten des Lernens können sehr unterschiedlich ausgeprägt sein.

Die eigentliche Herausforderung für den Lehrer besteht im Filtern, welche Methoden gut und welche weniger gut funktionieren.

Bei diesem Punkt muss man sehr klar trennen, ob Fliegen zum Hobby oder zum Beruf werden soll.

Denn die angewandten Methoden können sich dabei deutlich unterscheiden.

Kontrolle:

Wie weit ist der Schüler bereit, selbst zu seinem Fortkommen beizutragen?

Eigeninitiatives Literaturstudium, PC-Simulationen, etc.

Hierzu gehört auch die Eigenreflexion des Lernfortschrittes und die realistische Einschätzung der eigenen Fähigkeiten.

Ökologie:

Wer ist noch vom Erreichen des gesteckten Zieles betroffen?

Jede Ausbildung in der Fliegerei ist nicht nur kosten - sondern auch sehr zeitintensiv.

Wie sieht das persönliche Umfeld auf dem Weg zum gesteckten Ziel aus?
Ist dieses Ziel in der Lage, auch das private und berufliche Umfeld zu verändern?
Eine fliegerische Ausbildung - egal ob als Hobby oder als Beruf – kann auch für private Beziehungen und deren Zeitplanung zur Herausforderung werden.

Identität:

Passt die Fliegerei zur Person?
Ist Fliegen etwas, das schon immer als großer Traum existiert hat?
Wie wichtig ist dem Schüler das Fliegen?
Wie wird es nach dem Erwerb der Lizenz weitergehen?

Teilziele:

Der Bereich „Fliegen“ ist außerordentlich umfangreich und vielschichtig.
Das erfordert, Schritt für Schritt Teilziele zu erreichen, die sich erst gegen Ende der Ausbildung wie ein großes Puzzle zu einem runden Gesamtbild formen.
Gerade zu Beginn ist es wichtig, dass der Fluglehrer immer wieder auf dieses System „Puzzle“ hinweist. Es ist ansonsten für den Schüler nicht immer gleich klar ersichtlich, warum er bestimmte Dinge eigentlich lernen muss.

Konkretisierung:

Wann und womit wird begonnen?
Wie geht es nach diesem ersten Schritt weiter?
Eine gute Planung ist für beide Seiten unabdingbar und es erleichtert auch, den nötigen Grad an Motivation zu erhalten.

Auch das bereits Erlernte geht bei langen Pausen schnell wieder verloren.

Grundsätzlich gilt: Je höher der Trainingsstand vor der Pause war, umso geringer sind die Level-Verluste.

Aufgrund dieser zu überdenkenden und zu beantwortenden Fragen sollte sich dann ein S.M.A.R.T.es Ziel ergeben.

Sinnesspezifisch

S

Messbar

M

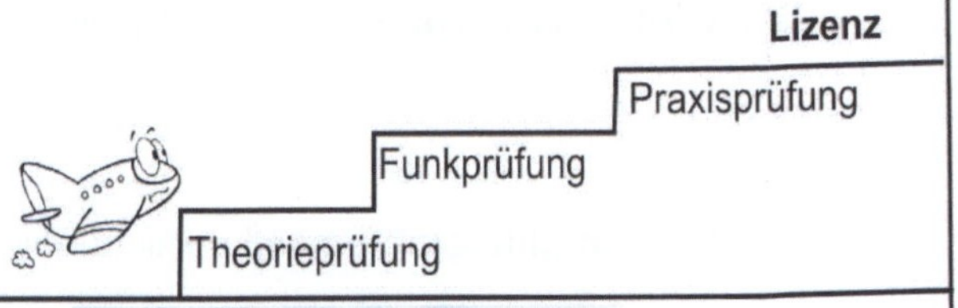

Attraktiv

A

Realistisch

R

<?>

Terminisiert

T

Die Technik des „Ankerns“ in der Flugausbildung

Die Technik des Ankerns hat ihre Wurzeln im NLP, wo diese häufig und zu unterschiedlichsten Zwecken eingesetzt werden kann.
Auch in der praktischen Flugausbildung müssen bestimmte Anker zur Auslösung von automatisierten, motorischen Ablaufprogrammen häufig und auch konsequent gesetzt werden.
Meist geht es dabei um überraschend auftretende Situationen, für die ein möglichst schnell abrufbares Programm im Gehirn abgelegt werden muss, um so etwaigen Fehlreaktionen vorzubeugen.
An dieser Stelle scheint auch ein Vergleich zum Verkehrsgeschehen am Boden angebracht.
Grundsätzlich unterscheiden sich die Abläufe beim Fliegen, bis auf wenige Ausnahmen von jenen im Straßenverkehr, recht deutlich.
Auf der Straße ist es uns meist gar nicht mehr bewusst, dass dabei ständig Entscheidungsprozesse ablaufen, für die zum Teil nur Sekundenbruchteile zur Verfügung stehen.
In der Fliegerei gibt es nur wenige Situationen, die ein ähnlich intuitives und schnelles Handeln erfordern.
Meist sind dies nur die Abläufe in der Start- und Landephase, die uns zu einem sehr schnellen und automatisierten Handeln zwingen.

Als Beispiel aus der Praxis:
Wenn eine Windböe das Flugzeug kurz vor dem Aufsetzen auf die Piste erfasst, muss man ähnlich schnelle Entscheidungen treffen wie auf der Straße, das heißt nicht nur schnell sondern auch völlig automatisiert und in der richtigen Dosierung.
Diese Fähigkeit zu diesem schnellen Handeln wird durch konsequentes, drillmäßiges Üben in der Ausbildung erreicht.
Aber auch das Sammeln eigener Erfahrungen nach der Ausbildung muss

immer wieder in die laufende Verbesserung der eigenen Fertigkeiten einfließen. (Eigenreflexion)

Im Gegensatz zu der oben beschriebenen Situation gibt es natürlich auch Zwischenfälle im Reiseflug, wo es allerdings nicht darum geht, innerhalb von Sekunden eine Entscheidung zu treffen, sondern systematisch vorzugehen.

Dafür wird die „Emergency-Checklist“ verwendet, welche dann Punkt für Punkt abgearbeitet wird.

FORDEC

Der systematisierte Ablauf eines solchen Prozesses ist in der Fliegerei auch unter dem Synonym **FORDEC** zusammengefasst

F ACTS	Welche Situation liegt vor?
O PTIONS	Welche Handlungsmöglichkeiten bieten sich an?
R RISK	Risken und Nutzen aus der jeweiligen Handlung?
D DECISIONS	Welche Option wird gewählt?
E EXECUTION	Durchführung der gewählten Handlung?
C CHECKS	Führt der Weg zu gewünschten Ziel?

T.O.T.E

Die Verwandtschaft dieser Syntax mit einem klassischen NLP-Modell wird hier auch gleich ins Auge springen - dem „T.O.T.E - Modell“ ...

T TEST

O PERATE

T TEST

E EXIT

Warum nicht einfach immer schnell und intuitiv handeln?

Durch die moderne Hirnforschung gelangte man zur Erkenntnis wie unser Gehirn aufgebaut ist. Allgemein bekannt ist die Einteilung des Großhirns in die rechte und die linke Hemisphäre. Der linken werden dabei das logische und systematische Denken zugeschrieben, der rechten hingegen eher der emotionale Anteil.

Doch der Mensch verfügt über zwei weitere Teile, die evolutionär gesehen die Älteren sind; das Stammhirn und das Zwischenhirn.

Der amerikanische Hirnforscher Paul McLean hat daraus sein „Triune-Brain“ Konzept erstellt.

Jeder dieser 3, nachfolgend beschriebenen Gehirnteile deckt ganz bestimmte Aufgabenbereiche ab, derer wir uns immer wieder bewusst werden müssen, ganz besonders in der Fliegerei.

Unser Gehirn ist keine echte Einheit – so ist gibt es dort auch keinen Teil

welcher der einzige und alleinige Kommandant unseres Handelns und Denkens ist. Man kann sich vielmehr das Ganze wie ein parlamentarisches System vorstellen. Jeder einzelne Bereich verfolgt dabei aber seine eigenen Ziele.
Genau aus diesem Grund arbeiten die Abgeordneten dieses Parlaments in unserem Kopf nicht automatisch gut zusammen. Letztlich verfolgen sie ja auch ihre ganz individuellen Interessen und Ziele.

Das Stammhirn

Der älteste Teil in unserem Gehirn steuert unsere Überlebensinstinkte. Es speichert Erfahrungen, die ausschließlich der Selbsterhaltung dienen. In dieses sind auch die lebenswichtigen Körpervorgänge eingebettet. Über diese hinaus ist das Stammhirn mit einer Art „Automatik" versehen. Diese läuft bei Bedarf und ohne Nachdenken spontan ab.
Die Basis für diese Automatik sind immer wiederkehrende, abgespeicherte Situationen, die mit immer sehr ähnlichen Verhaltensweisen gut lösbar sind. Stammhirn-dominierte Menschen greifen bevorzugt auf Erfahrungen in der Vergangenheit zurück. Sie fühlen sich am ehesten in einer großen Gemeinschaft wohl.
Dieses Verhalten ist ebenfalls auf eine Urzeit-Programmierung zurückzuführen.
Das Leben in der Herde bedeutet Sicherheit.

Das Zwischenhirn

Es ist etwas halb so alt wie das Stammhirn und bildete sich zusammen mit der Entwicklung der Säugetiere aus. Die Hauptfunktion dieses Gehirnareals ist die Selbstbehauptung.

Es entscheidet über das richtige Verhalten in Konfrontationssituationen.

- Kampf - Flucht - Totstellen - Unterwerfung

Aber auch die sozialen Bedürfnisse sind darin abgelegt.

- Anerkennung - Wertschätzung - Freund oder Feind

Eine ausgeprägte Zwischenhirn-Dominanz ist beim Menschen vor allem durch Verhaltensweisen, wie z.B. ausgeprägte Konkurrenzorientierung, erkennbar.

Zwischenhirn-Menschen sind stark gegenwartsorientiert, leben im Hier und Jetzt.

Sie können sich schnell auf neue Situationen einstellen und sind oft in ihren Reaktionen sehr impulsiv.

Sie bevorzugen klare Hierarchien. Sie sind jederzeit bereit, die Führung zu übernehmen.

Das Großhirn

Es ist der jüngste Teil unseres Gehirns. Über dieses verfügen nur Menschen und Primaten. Die Selbstbestimmung und Selbstwahrnehmung wird erst durch das Großhirn möglich.

Ganz besonders Menschen, dic sich gerne an Zahlen, Daten und Fakten orientieren, sind dem Großhirn-dominierten Typ zuzuordnen.

Jedcr Mensch verfügt selbstverständlich über alle drei Anteile, wobei meist einer dieser Teile dominiert. Auf keinen Fall darf man aber den Denkfehler begehen, eine dieser drei Typen als tendenziell gut oder schlecht zu werten. Sie sollten vielmehr unvoreingenommen und wertfrei gesehen werden.

Die Kenntnis darüber erleichtert uns aber den Zugang zu anderen Menschen sehr, da wir deren Verhalten besser interpretieren und demnach auch besser verstehen können.

Dies kann helfen, Missverständnissen vorzubeugen und erleichtert die Kommunikation wesentlich.

Richtig - falsch / gut – schlecht…

Gibt es das überhaupt?

Um eine gute Arbeit als Fluglehrer abliefern zu können, müssen wir uns von Begriffen wie „gut“ und „schlecht“, in Bezug auf den Menschen, den wir auszubilden haben, nach Möglichkeit verabschieden.
Dies sind Begriffe die wir uns alle im Elternhaus und in der Schule angewöhnt haben und die sich sogar oft noch im späteren Berufsleben gefestigt haben.
Es gilt eine einfache Regel:

Was wir am Verhalten unserer Mitmenschen verstehen, damit können wir umgehen!

Welcher Typ bin ich selbst eigentlich?

Ein kleiner Test zur eigenen Klarheit.
Kreuze in jeder Zeile diejenige Eigenschaft an, die für dich am ehesten zutrifft.
In jeder Zeile nur ein Kreuz.
Achte darauf, dass du in einem entspannten und ausgeglichenen Zustand bist und entscheide dich spontan ohne lange nachzudenken.
Zur Erinnerung: Es gibt kein „richtig“ oder „falsch“.
Solltest du im Moment gerade gestresst, frisch verliebt oder in einer akuten Trauerphase sein, verschiebe den Test.
Das Ergebnis ist natürlich nur eine Momentaufnahme und demnach auch nicht repräsentativ für dein Leben im Allgemeinen.

Wie schätzt du deinen eigenen Typ ein?		
1. Ich bin am ehesten		
aktiv, neugierig, dynamisch	distanziert, ruhig, zurückhaltend	gemütlich, lustig, gesellig
2. Am ehesten fasziniert mich		
die Gegenwart	die Zukunft	die Vergangenheit
3. Jemand erzählt dir etwas Neues – was bevorzugst du?		
kurz und bündig, das Wesentliche	möglichst viele Details	persönliche Informationen
4. Du wirst jemandem vorgestellt, den du noch nicht kennst – du bist		
Spontan und direkt	eher reserviert und zurückhaltend	bald im Gespräch
5. Ich entscheide mich		
spontan	wenn ich darüber nachgedacht habe	eher zögernd
6. Ich lege Wert auf		
Aktion, Handeln	Gründlichkeit, Sachlichkeit	Intensive und gute Gespräche
7. Wenn ich überraschend eine Million Euro bekomme, dann		
würde mir etwas Tolles kaufen	mich zuerst über Anlagemöglichkeiten informieren	Ein großes Fest mit Freunden feiern
8. Wie schätzt du deinen Freundeskreis ein		
viele Menschen kennen mich	Ich habe wenige, dafür sehr gute Freunde	Ich kenne viele Menschen
9. Ich liebe es		
Immer das Neueste zu haben	Sachlich und gut informiert zu sein	persönlichen Kontakt zu haben
10. Wie schätzt du deine Außenwirkung ein?		

Ich bin aktiv und ein Macher	Ich tue alles mit Verstand und Überlegung	Ich bin liebenswürdig
11.Welcher der folgenden Berufe wäre noch für dich attraktiv?		
Sänger oder Schauspieler	Buchhalter, Steuerberater	Sozialarbeiter

Addiere deine Aussagen in den senkrechten Spalten.
Ich welcher Spalte hast du die meisten Kreuze, in welcher die zweit-meisten, etc.
In der linken Spalte finden sich die typischen Merkmale des Rot-Typs, in der mittleren, die des blau-Typs und rechts die des grün-Typs.
Meist deckt sich das Ergebnis ziemlich gut mit der eigenen Einschätzung.
Es gibt aber doch hin und wieder auch etwas überraschende Ergebnisse.

Der Rot-Typ

Vorzüge	**Nachteile** (aus der Sicht von anderen)
Aktiv	Voreilig
Dynamisch	Schnellschüsse
Mitreißend	Dominanz

Der Blau-Typ

Vorzüge	**Nachteile** (aus der Sicht von anderen)
Logisches Denken	Wirkt distanziert
Systematisch	Zögerlich bei der Umsetzung

Genau	Pedant

Der Grün-Typ

Vorzüge	**Nachteile** (aus der Sicht von anderen)
Herzlichkeit, Wärme	Eher zu langsam und bedächtig
Kontaktfreudig, freundlich	Redet manchmal zu viel
Gesellig, lustig	Wirkt oft zerstreut

Jeder von uns hat alle Anteile in sich – nur die Verteilung ist unterschiedlich.

Bei den meisten Menschen, die im Leben keinen Erfolg haben, liegt dies in der Tatsache begründet, dass sie mit ihren Mitmenschen nicht zurechtkommen.

Verhaltensmerkmale der drei Typen unter Stress

	Rot	**Grün**	**Blau**
Im Gespräch, in der Kommunikation	Proaktiv, engagiert, sprunghaft im Denken, aber auch ungeduldig	Redselig, gefühlsbetont, persönlich, unbefangen und nett	Überlegt, geordnet, sachlich, präzise, gewissenhaft

Erster Kontakt	Direkt, lebhaft, impulsiv, aktiv, dynamisch	Gesprächig, gesellig, gemütlich, liebenswürdig	Zurückhaltend, still, ernsthaft, nachdenklich
Unter Stress	Beherrschung fällt oft schwer, sprunghaft	Möchte sein Herz ausschütten, wird redselig, möchte sich aussprechen	Lässt sich nichts anmerken, wird still, und zieht sich zurück

[frei nach Rolf Schirm]

Je stärker du die Natur deines Gesprächspartners und seine Bedürfnisse berücksichtigst, desto harmonischer und erfolgreicher verläuft deine Kommunikation.
Das bedeutet, den Typ des Gegenübers (aber auch seinen eigenen) zu kennen, ihn dementsprechend anzusprechen und sich passend zu verhalten Auf diese Weise wird dafür gesorgt, dass die „Wellenlänge“, also „die Chemie“ stimmt.

Die Farben der Motivation

Was sind die schlimmsten Fehler, die passieren können, wenn man jemanden zu bestimmten Handlungen oder Verhaltensweisen motivieren möchte?

1. Man versucht den anderen mit den gleichen Dinge zu motivieren auf die man selbst auch ansprechen würde.
   Es erscheint uns völlig selbstverständlich, dass andere Menschen genauso ticken wie wir selbst. Wenn man sich dies nicht immer wieder bewusst macht, tappt man sehr leicht in diese Gleichschaltungsfalle.

2. Man versucht auf den anderen einzuwirken, damit er genauso denkt und handelt wie man selbst. Wir geben uns dabei oft der falschen Erwartung hin den anderen so in unserem Sinne verändern zu können. Das wird nicht von Erfolg gekrönt sein und ist im Ausbildungsbetrieb sehr oft hinderlich.

Gerade aus der zweiten Variante entwickeln sich oft überflüssige und vermeidbare Konflikte, die im ersten Moment oft noch gar nicht sichtbar werden.

Was kann welchen Typ besonders gut motivieren?

Bei den **Rotdominierten** finden sich besonders viele „Alpha-Menschen“. Daher motiviert ihn alles, was *Anerkennung von anderen* erwarten lässt. Wenn man ihn mit zu direkter Kritik anstatt eines gut aufgebauten Feedbacks konfrontiert, verschließt er sich ganz schnell dem eigentlichen Inhalt, der damit überhaupt nicht mehr durchdringt.
Er greift aber alles mit Interesse und Begeisterung auf, was seinen Alpha-Status unterstreicht.

Die **Gründominierten** lassen sich besonders gut durch alles motivieren, was nach ihrem Empfinden das zwischenmenschliche Leben bereichert, z.B. Freude, Zuspruch, Hilfsbereitschaft. Gemeinsames Fachsimpeln mit Kollegen ist ihnen immer willkommen und sie helfen auch gerne, indem sie ihr eigenes Wissen weitergeben.

Den **Blaudominierten** motiviert hingegen alles, was einen Qualitätszuwachs in einer Sache oder in einer Situation erwarten lässt. Dazu gehört vor allem:
Ordnung, Perfektion, Pünktlichkeit, Systematik, Sicherheit…
Er steht eher als Einzelkämpfer im Leben und lässt sich daher mit zwischenmenschlichen Verbesserungen kaum motivieren. Was er in seinem Inneren, als gegen seine Prinzipien verstoßend empfindet, wird er ziemlich schnell ablehnen.

Auch der Lehrer lernt – ständig!

Wir können uns unsere Flugschüler nicht nach der Leichtigkeit der zu erwartenden Zusammenarbeit aussuchen. Ein professioneller Fluglehrer kann seine Schüler in kurzer Zeit einschätzen und mit ihnen den richtigen Umgang entwickeln. Das gemeinsame Ziel sollte über allem stehen und das können wir auch nur gemeinsam erreichen.
Egal ob Airliner oder Hobbyflieger – Teamwork ist gefragt!
Der Schlüssel zu einer erfolgreichen Fluglehrertätigkeit besteht nicht darin, sich nur die „besten“ herauszusuchen.
Denn – wer sind denn eigentlich DIE Besten? Das ist auch für jeden Fluglehrer etwas Anderes.
Wenn wir jetzt ein wenig rekapitulieren sind auch wir als Lehrer geprägt

von all unseren Erfahrungen und Methoden, die es immer wieder zu überdenken und im Bedarfsfall auch zu überarbeiten gilt.
So kann der Schüssel nur darin liegen, die unterschiedlichsten Motive und Bedürfnisse zu erkennen, um damit „typgerecht" umzugehen und die Eigenheiten jedes Einzelnen nicht zu bewerten, sondern zu akzeptieren.

Unsere Hirnareale und das Flugzeug

Wie wir mit dem jetzt schon vorhandenen Wissen bereits feststellen können, ist in der Fliegerei schnelles Handeln ohne Plan nicht immer zielführend.
Denn erzwungen schnelles Handeln ist meist sehr fehleranfällig.

Hingegen hat das Arbeiten nach einem System in den meisten Situationen viele Vorteile, besonders wenn es sich um technische Defekte handelt, die erst einmal eingegrenzt werden müssen, um sie überhaupt sinnvoll beseitigen zu können.
Es kann auch sein, dass das Problem nicht gleich behebbar ist und trotz aller durchgeführten Checks weiterbesteht.
Aus dieser - nun neuen Ausgangsposition muss wieder eine weitere Vorgangsweise entwickelt werden. *(vgl. T.O.T.E)*
Die Auswirkungen eines falsch erfassten Zustandes oder eines zusätzlich gemachten Fehlers benötigen viel Zeit, um überhaupt realisiert zu werden.
Erschwert wird dies noch vom Umstand, dass sich der Auslösende ja in der vermeintlichen Sicherheit wiegt, ohnehin bereits alles richtig gemacht zu haben.
Oftmals geht hier durch eine NICHT-systematische Handlungsweise wertvolle Zeit verloren.
So könnte ist im Falle eines Triebwerksausfalles mit einem einmotorigen

Flugzeug bereits wertvolle Höhe verschenkt worden sein, ohne dass eine Lösung für das Ausgangsproblem gefunden wurde obwohl noch Zeit gewesen wäre, einen „Plan B“ zu verfolgen.
Beispielsweise ein systematischer(!) Versuch des Wiederanlassens oder die rechtzeitige Entscheidung zu einer Notlandung.

Doch nun zu den „Ankern“, die wir für einige definierte Situationen brauchen, um z.B. schnelles Beenden von kritischen Flugzuständen zu automatisieren und dadurch zu beschleunigen. In Bodennähe ist bekanntlich keine Zeit zum Abarbeiten einer Checkliste.

Grundsätzlich werden beim Fliegen hauptsächlich visuelle und auditive Anker verwendet.
Die visuellen Anker werden einerseits durch den Blick aus dem Cockpit und andererseits durch den Blick auf die Instrumente ausgelöst.
Dies soll immer dann passieren, wenn eine Situation eintritt, die ohne Verzögerung bestimmte, vordefinierte Handlungsweisen erfordert.

Eine für diese Anwendung typische Situation ist das Eintreten eines Strömungsabrisses bei Überschreiten des kritischen Anstellwinkels zwischen Flügel und der anströmenden Luft.
Dadurch kommt es natürlich zum „Stall“, wodurch der Auftrieb am Flügel größtenteils zusammenbricht. Bevor dieser Zustand wirklich eintritt, was meist vorher schon an der ungewöhnlichen Fluglage zu erkennen ist, ertönt auch ein akustisches Warnsignal, welches zum optischen Input ergänzend auf die drohende Gefahr aufmerksam macht.
In diesem Moment muss der Pilot - ausgelöst durch diesen Trigger - sofort die Nase des Flugzeuges senken („drücken“), um den kritischen Flugzustand zu beenden.

Besonders in Bodennähe, z.B. bei Start und Landung, fehlt die sichere Höhenreserve.

Da es bei dieser Art von Ankersetzung (im Vergleich zu psychologisch/therapeutischen Anwendungen) keine emotionale Beteiligung gibt, müssen speziell jene Übungen, die mit der Ankertechnik arbeiten, sehr oft wiederholt werden, um sie dann auch dauerhaft zu etablieren und damit jederzeit - und vor allem schnell - abrufbar zu machen.

Eine Besonderheit in der Fliegerei ist sicher die Tatsache, dass kinästhetische Anker für einige Anwendungen völlig ungeeignet und damit auch unbedingt zu vermeiden sind.

Dies hat damit zu tun, dass unsere Sinne bei Bewegungen im dreidimensionalen Raum oft Informationen ans Gehirn liefern, die nicht mit unserer ursprünglichen Programmierung zur Fortbewegung am Boden übereinstimmen.

Dies kann zu fatalen Fehlinterpretationen führen, welche dann die falschen Reaktionen auslösen. Wir sind in manchen Situationen gezwungen, strikt gegen unser Körpergefühl zu handeln, was einiger Übung bedarf. Wenn wir diesen Grundsatz missachten, kann dies sehr schnell zu gefährlichen Situationen führen, z.B. wenn der Pilot eines Sichtfluges in Instrumentenflugwetterbedingungen einfliegt, und dies nicht beherrscht.

Zurück zu den Ankern...

Wie setzen wir einen Anker im praktischen Unterricht?

Der Fluglehrer - oder auch der Schüler selbst (unter Anleitung) - bringt das Flugzeug in einen Grenzzustand nahe am Strömungsabriss.

Sofort nach Erkennen der Situation (Fluglage, Warnton, etc.) muss die richtige Reaktions- und Handlungskette möglichst schnell und völlig automatisiert ablaufen, ohne dass der Pilot noch lange darüber nachdenken muss, was zu tun ist.

So werden viele Situationen mit erhöhtem Gefahrenpotenzial über auslösende „Anker" so weit trainiert, dass nach den notwendigen Übungsdurchläufen zur Festigung eine möglichst hohe Automatisierung in den Reaktionen erreicht wird.
Diese Automatisierung hilft in einer solchen Situation, auch im Ernstfall noch Ressourcen für andere Dinge frei zu halten.

In der Flugausbildung erfolgt die Planung einer solchen Ankersetzung in Form des Briefings.
In der Praxisausbildung wird vor dem Abflug der genaue Ablauf besprochen und auch der Sinn des aktuellen Trainings erläutert (siehe auch Kapitel 4-Mat System).

Das „Kalibieren" erfolgt durch genaues Beobachten des Schülers in der zuvor besprochenen Situation.
Besonders zu achten ist dabei auf Zeichen einer etwaigen Überforderung.
Dies kann auch in vielen Fällen vom Lehrer geplant und gewollt sein (siehe auch Kapitel „double slingshot")

Das „Testen" des Ankers erfolgt am besten, nachdem einige Zeit verstrichen ist - evtl. 1-2 Praxiseinheiten später. Es wird die bereits trainierte Situation ohne vorherige Ankündigung wiederhergestellt und dabei sollten die ver"ankerten" Handlungen bereits selbstständig ablaufen.
Solche Übungen müssen natürlich noch öfter wiederholt werden, um den gewünschten Automatisierungseffekt zu erreichen. Die notwendige Anzahl an Wiederholungen kann sich je nach Fähigkeiten und Lerntyp des Schülers deutlich unterscheiden.

Bei der Nachbesprechung (Debriefing) von zuvor geflogenen Praxiseinheiten - sollte der Lehrer dem Schüler ein (möglichst positiv formuliertes) Feedback geben.
Natürlich gibt es auch immer Dinge, die noch nicht so gut beherrscht werden und noch der weiteren Übung bedürfen.
Dies liegt in der Natur jeder Ausbildung, jedoch sollten die negativen Feedbackteile immer in positive eingebettet werden.

Aber... dies ist kein stumpfes Kritisieren, sondern es wird ein FEEDBACK gegeben!

Ein konstruktives Feedback hilft bei der weiteren Verbesserung.
Um die Motivation des Schülers bestmöglich zu erhalten sollte es immer einen guten Mix aus positiven Anmerkungen und kritischen Rückmeldungen enthalten.
Feedback sollte auch immer erwünscht sein - im Falle des Flugschülers kann man davon ausgehen, da er ja in seiner Position von diesem stark profitiert und demnach der Wunsch nach Feedback als gegeben vorausgesetzt werden kann.
Sehr oft kommt es vor, dass Schüler selbst intuitiv spüren, wenn Dinge noch nicht so gelingen wie sie sollten - speziell in einem weiter fortgeschrittenen Stadium der Ausbildung.
Was aber genau in welcher Form verbessert werden könnte, kann er aus der Natur der Sache heraus selbst oft noch gar nicht so genau beurteilen.
Dieses Feedback, gut gepaart mit einem Plan für die nächste Übungseinheit, hilft dem Schüler, das Geübte und Erlebte gut zu verarbeiten und sich mental auf die nächste Session vorzubereiten.

Feedback vs. Kritik

„Kritiker sind Leute, die ursprünglich Henker werden wollten, diesen Beruf dann aber knapp verfehlt haben"
[Harold Pinter]

Kritik könnte man am ehesten dort einordnen, wo ausschließlich über Negatives gesprochen wird, wie z.B. Unsicherheiten, Unzulänglichkeiten, Fehler etc.

Es gibt wohl kaum einen Menschen, der darauf ohne jegliche, negative Emotionen reagieren wird.

Man muss die Rückmeldung, die vom Fluglehrer kommt, auch in einer positiven und konstruktiven Form annehmen können. Bei reiner Kritik wird das kaum gelingen – auch nicht, wenn diese im Kern natürlich einen positiven Zweck verfolgt.

Was wir uns immer bewusstmachen sollten: Kein Flugschüler macht ALLES falsch.

Oft ist den Schülern ihr eigener Lernfortschritt gar nicht bewusst, wenn der Lehrer immer nur über jene Dinge spricht, die eben noch nicht funktionieren.

Es ist völlig klar, dass man darüber reden muss – aber eben nicht NUR!

Für ein gutes (=konstruktives) Feedback gibt es eine einfache Strategie:

Feedback Sandwich

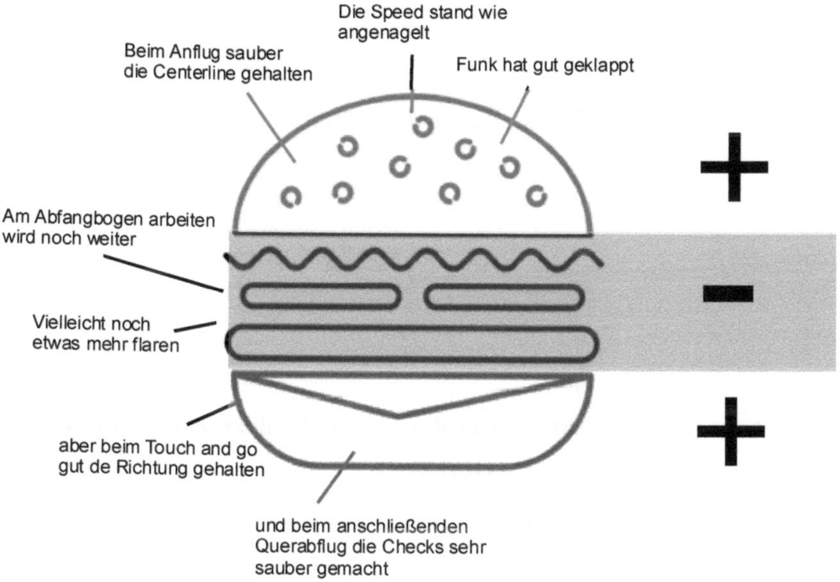

Die Feedbackstruktur im Detail :

1. Was war besonders gut...
2. Wo gibt es Verbesserungsbedarf...
3. Wie kann man diese Verbesserung erreichen...
4. evtl. Ausblick für die nächste Einheit...

Beim Debriefing sollte gut auf das sogenannte „Meta-Modell der Sprache“ geachtet werden.
Ein Lehrer, der genau hinhört und hinterfragt, wird leichter nachvollziehen können, womit genau(!) ein Schüler evtl. Probleme hat. Damit kann

bei der nächsten Einheit besonders auf diesen Punkt geachtet werden und die entsprechenden didaktischen Methoden zum Einsatz kommen.

Deshalb beginnt meine Debriefing/Feedback-Sequenz üblicherweise mit meiner Frage:

„Und... was sagst du selbst zur heutigen Session..?“

Hier begegnen wir nun wieder der Herausforderung des genauen Hinhörens.

[Free images by www.cleanpng.com]

Das Meta-Modell der Sprache und dessen praktische Relevanz in der Ausbildung

Einige Beispiele aus der praktischen Flugausbildung...

Gezieltes Hinterfragen von oft beiläufig wirkenden Aussagen kann sehr helfen, Detailprobleme zu lokalisieren. Wenn dies gelingt, kann der Lehrer im nächsten Training sehr gezielt seinen Fokus darauf legen.

Sprachliche Tilgungen

Schüler: "Ich fühle mich beim Landen sehr unsicher"

(einfache Tilgung)

Lehrer: „Was genau verunsichert dich?"

Es geht hier darum, genau jenen Punkt zu herauszufiltern, den der Schüler natürlich schwer in Worte fassen wird können.
Nur dann ist es möglich, die nur sehr vage beschriebene „Unsicherheit" gezielt wegzutrainieren.

Schüler: „Alle anderen landen viel sauberer"

(Unspezifische Verben)

Lehrer: "Was ist für dich „sauberer"?

(Vorausgesetzt die Landungen sind aus der Sicht des Lehrers in Ordnung!)
Oft ist es ein subjektiver Eindruck des Schülers, was er als „sauber" empfindet.
Es gilt, die richtige Balance zwischen gesundem Selbstbewusstsein und Selbstkritik gemeinsam herauszuarbeiten.

Schüler: „Ich wollte die heutige Einheit auf keinen Fall auslassen."

(Modaloperator der Möglichkeit)

Lehrer: „Was glaubst du, wäre geschehen, wenn du abgesagt hättest?"

Der Schüler fühlte sich nicht ganz fit, wollte aber den Zeitplan nicht durcheinanderbringen und kam deshalb trotzdem zum Fliegen. Von Anfang an sollte völlig klar sein, dass es völlig in Ordnung ist, dass wir nur dann fliegen, wenn wir uns auch wirklich 100% dazu in der Lage fühlen, allen Anforderungen die evtl. auftauchen könnten, auch gewachsen zu sein.

Also… - was soll schon sein, wenn abgesagt wird?

Schüler: „Es ist nicht erlaubt, beim Außencheck den Oberteil der Cowling abzunehmen.

(Verlorenes Zitat)

Lehrer: „Wer sagt das?"

Oft werden Meinungen einzelner Piloten (und ... ja, leider manchmal auch von Lehrern) im Laufe der Zeit zu sogenannten „urban legends", die dann einfach immer wieder weitergegeben werden, ohne dass sie einen echten, relevanten Hintergrund haben.

Schüler: „Ich komme beim Anflug immer zu hoch"
Lehrer: „Woran erkennst du, dass du zu hoch bist?"

(Vorannahme)

Gerade aber das richtige Interpretieren der Winkel beim Anflug braucht viel Training und wird oft zu Beginn von Schülern falsch eingeschätzt. Durch den Kniff, den Schüler seine Methode selbst beschreiben zu lassen, kann man als Lehrer oft die Fehler in der Einschätzung und Erkennung von Situationen, früh eingrenzen und an der Verbesserung gezielt arbeiten.

Schüler: „Ich habe Angst, Fehler zu machen"

(Nominalisierung)

Lehrer: „Was genau ängstigt dich dabei?"

Wer nie Fehler macht, der macht wahrscheinlich auch sonst nicht viel
Was zählt, ist der richtige Umgang mit Fehlern und die Wege daraus lernen und sich verbessern zu können.

Generalisierung:

Schüler: „Niemand braucht so viele Flugstunden wie ich."

(Verallgemeinerung)

Lehrer: „Bist du sicher, dass wirklich niemand mehr braucht?"

Solche, verallgemeinerte Wertungen erlebt man immer wieder.

Oft kann es schon helfen dem Schüler klarzumachen, dass die Anzahl der benötigten Flugstunden kein automatisches Qualitätskriterium für die erbrachten Leistungen ist.

Schüler: „Ich möchte am liebsten immer mindestens 2 GPS mithaben"

(Modaloperator der Notwendigkeit)

Lehrer: „Was hindert dich daran, einfach 2 mitzunehmen?"

Sofern die Grundlagen der Sichtflug-/Koppelnavigation mit Karte, Kompass und Uhr - also die echten Basics - ausreichend beherrscht werden, spricht nichts dagegen, wenn sich ein Schüler Gedanken über (wie in diesem Beispiel) Redundanz macht.

Wenn sich der Schüler dadurch sicherer fühlt - warum nicht?

Hier hat der Lehrer im LAPL/PPL-Bereich sicher weit mehr Spielraum als jener in einer Airliner-Schule.

Das, was wir von uns zu wissen glauben, ist ein nur Teil des Bildes.

„Wir sind mehr als wir denken.“

G. Hüther

Glaubenssätze

Die Auswirkungen von Glaubenssätzen sind in der Flugausbildung am ehesten in jenen Phasen zu beobachten, wo die Schüler zeitweise an ihre Leistungsgrenzen stoßen.

Diese sind speziell in folgenden Themenfeldern häufig zu beobachten -

In der Theorie	Navigation Flugleistung- und Flugplanung Meteorologie
In der Praxis	Landetraining Navigation Flugvorbereitung

Wir teilen Glaubenssätze in zwei Hauptgruppen -

- die *fördernden* und die *einschränkenden*

Hier nun einige Beispiele für immer wieder einmal vorkommende Aussagen während der Ausbildung.

Einschränkend

„Das Landen lerne ich nie!“

Das Platzrunden- und Landetraining ist eine sehr intensive Phase in der Ausbildung.
Gerade hier kommen Schüler oft sehr nahe an ihre Frustrationsgrenze.

Das Verharren in einer gefestigten Glaubenssatzsituation ist logischerweise nicht sehr förderlich.

Einschränkend

„Die Theorieprüfung schaffe ich nie!“

Die Lernphase kurz vor der Theorieprüfung ist meist jene, wo Schüler feststellen, dass sie zwar alle Inhalte im Theoriekurs durchgearbeitet haben, aber es noch ein weiter Weg ist, bis das Gelernte auch auf alle Prüfungsfragen angewendet werden kann.

Fördernd

„Ich will es und schaffe es!“

Diese positive Grundeinstellung hilft natürlich über so manch schwierig scheinende Phase der Ausbildung.

Fördernd

„Was mich interessiert kann ich auch lernen!“

Gerade was den Begriff „lernen“ betrifft haben wir alle ein individuelles Bild.

Dieser positive Glaubenssatz hilft uns auch komplizierte Zusammenhänge und Inhalte gut aufzunehmen. Möglicherweise schaffen wir es damit, auch den Prozess der Wissensaneignung gar nicht mehr als Lernen im althergebrachten Sinn zu empfinden.

[free image by: www.123rf.com]

Das Prinzip des „DOUBLE SLINGSHOT“ angewandt in der Flugausbildung

1. Die typische Leistungskurve in einer praktischen Session mit Platzrundenübungen

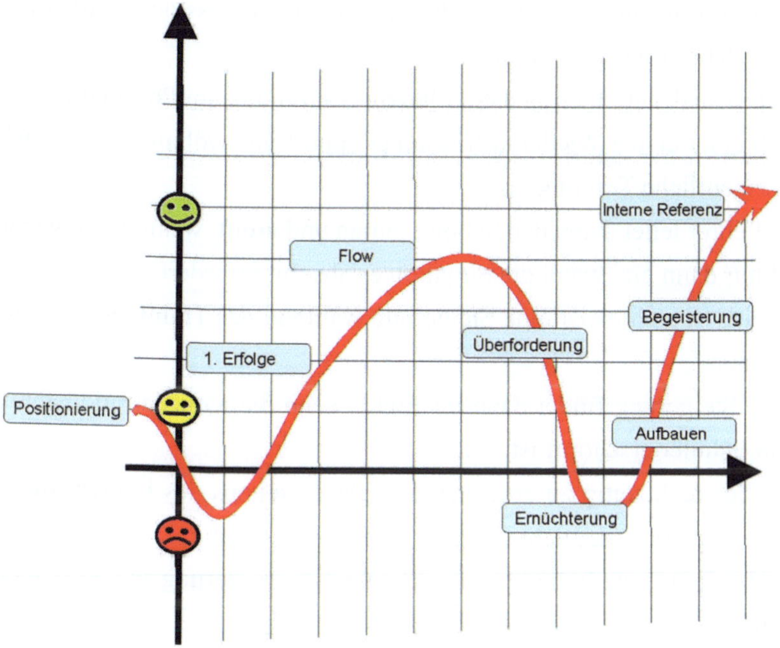

(nach Frank Farrelly)*

***Frank Farrelly** (* 26. August 1931; † 10. Februar 2013 in Madison, Wisconsin) war ein US-amerikanischer Sozialarbeiter (master's degree), Psychotherapeut sowie Professor für Soziale Arbeit und Psychiatrie aus Madison (Wisconsin) und gilt als der Begründer der Provokativen Therapie in der Psychotherapie*

Eine kurze Beschreibung der Situation:

Der Schüler kommt meist motiviert und mit einer sehr großen Erwartungshaltung zum Fliegen. Abhängig vom Ausbildungsstadium musste er vielleicht sogar schon einige Vorbereitungen selber treffen (Wetterberatung, Kraftstoffbedarf ermitteln, die Beladung errechnen).

Er weiß, was am Programm steht und die letzten Sessions wurden mittels eines Debriefings analysiert.

Als Beispiel steht hier jetzt ein Platzrundentraining am Programm.

Nach einer ersten Wiederauffrischungs- und Eingewöhnungsrunde geht es ans eigentliche Training.

Der Lehrer leitet dabei den Schüler nur an und greift, wenn irgendwie möglich nur dann ein, wenn die Situation es absolut erfordert.

Dabei lässt sich meist eine Steigerung während des Trainings sehr gut beobachten.

Diese Steigerung findet dann ihr Ende, wenn die Konzentrationsfähigkeit beim Schüler erschöpft ist.

Um dies rechtzeitig zu erkennen braucht es seitens des Lehrers nicht nur Erfahrung, sondern auch eine gute Beobachtungsgabe.

Es gibt einige gute Indizien, wie sich eine Überforderung anzukündigen beginnt.

Es werden z.B. Schalter vergessen, die in der ganzen bisherigen Session noch nie ausgelassen wurden.

Der Schüler wird im Einhalten von Geschwindigkeit oder Sinkrate plötzlich ungenauer.

Jetzt ist ganz klar die Leistungsgrenze erreicht.

Der Schüler gerät in einen Zustand der Überforderung.

Als Folge wird auch die Qualität der Landungen oftmals sehr plötzlich nachlassen.

Dies zieht eine Ernüchterung des Schülers nach sich, die es aber wiederum

zu überwinden gilt.
Das Ziel sollte unbedingt sein, den Schüler mit einer Form von gesundem Erfolgserlebnis aus der Session zu führen.
Dabei kann man als Lehrer mehrere Arbeitsweisen anwenden...
Man wählt für die Abschlusslandung eine Art von Anflug aus, die für den Schüler völlig neu und ungewöhnlich ist.
Damit versetzt man den Schüler in einen Zustand erhöhter Aufmerksamkeit, wodurch auch kurzzeitig die Fähigkeit zur Konzentration wieder deutlich erhöht werden kann.
Diese Zeitspanne reicht meist aus, um gerade die letzte Landung als (gefühlt) gutes Ergebnis werten zu können, selbst wenn sie vielleicht in den Augen des Lehrers gar nicht so perfekt war. Aber dies können wir mit gutem Gewissen so stehen lassen.

2. Der Double slingshot als Übersicht einer gesamten Grundausbildung

(bis zum Erwerb einer Privatpilotenlizenz)

Der Ablauf einer üblichen PPL-Ausbildung in Bezug auf den „double-slingshot“

wie sich Erfolg, Frustration und Überforderung abwechseln

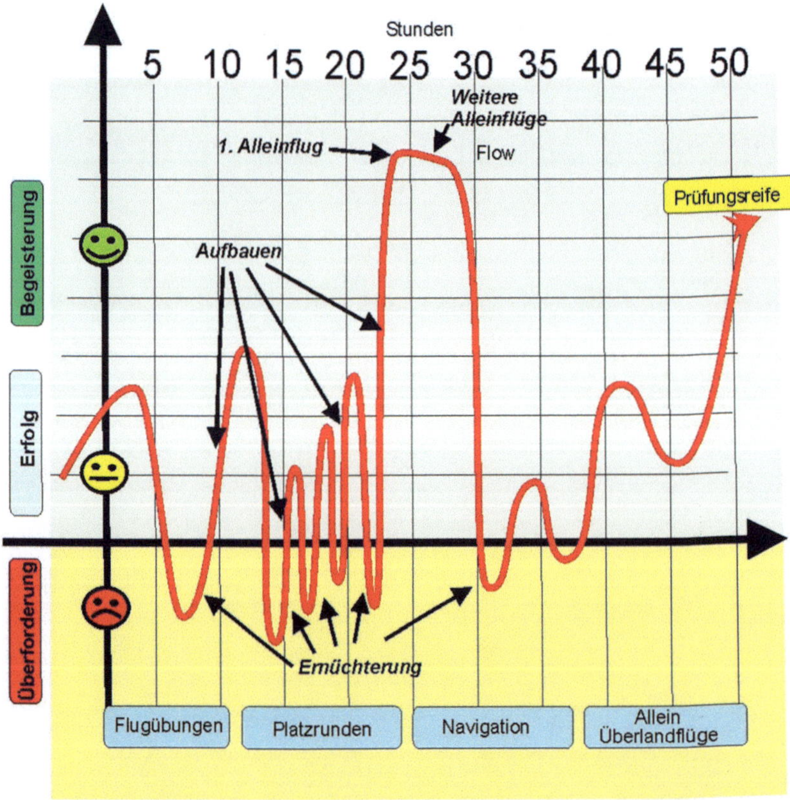

FLUGÜBUNGEN

Phase 1 - BASISÜBUNGEN

In der Phase „Flugübungen“ lernt der Schüler das Flugzeug und seine Reaktion auf unterschiedlichste Steuereingaben kennen. Dies erscheint den meisten Schülern viel einfacher als sie es sich zuvor erwartet hätten.
Alle diese ersten Übungen finden in größerer und damit sicherer Höhe statt. Der Schüler hat viel Zeit, alles unter Anleitung des Lehrers auszuprobieren. Wenn etwas nicht gleich auf Anhieb gelingt, bleibt aufgrund der Sicherheitshöhe immer relativ viel Zeit, um falsche Inputs zu korrigieren. Sollten diese Korrekturen nicht gleich gelingen kann der Lehrer, ohne dem Schüler viel Zeitdruck zu machen, auch noch korrigierend eingreifen.
Auch das Vorzeigen und Nachfliegen verschiedenster Übungen findet in dieser Phase statt. Der Schüler hat sich in den ersten Stunden gut an den Zustand gewöhnt, als Pilot in einem Flugzeug zu sitzen und dieses unter Kontrolle zu halten.
Die erste „Ernüchterung“ kommt normalerweise, wenn man beginnt, sehr ungewöhnliche oder auch gefährliche Flugzustände absichtlich herbeizuführen, um die Korrektur derselben zu trainieren (siehe auch Kapitel „Ankern“). Natürlich klappt dies nicht gleich auf Anhieb gut. Durch das öftere Wiederholen werden aber auch solche Übungen bald als normal empfunden und dann auch systematisch richtig gemeistert.

Phase 2 - PLATZRUNDENFLÜGE

Als nächstes folgt dann jene Phase, bei der speziell Starts und Landungen

trainiert werden. Nun kann sich wahrscheinlich auch schon jeder Nicht-Flieger gut vorstellen, dass dies die kritischsten und dadurch auch die unfallträchtigsten Phasen eines jeden(!) Fluges sind.
In einer Platzrunde ist alles enthalten, was einen kompletten Flug ausmacht.

Start - Steigflug - Reiseflug - Sinkflug - Landung

Das alles findet komprimiert auf rund 4-5 Minuten statt. Dies verlangt vom Schüler wie auch vom Lehrer höchste Aufmerksamkeit. Das Trainingsziel ist hier, eine möglichst hohe Automatisierung der Abläufe zu erreichen. Ein hoher motorischer Automatisierungsgrad ermöglicht es, viele Ressourcen auch noch für andere Vorgänge frei zu haben,
z.B.; den anderen Flugverkehr in der Platzrunde oder im An-und Abflug, Beachten von unerwarteten Windverhältnissen, Funkverkehr, usw.
Aus diesem Grund ist es auch keine große Überraschung, dass es gerade in dieser Phase zu einem ständigen, teils sehr starken Wechsel von Überforderung und Erfolgserlebnissen kommt.
Sobald der Schüler etwas gut beherrscht, sollte er neue Aufgaben übertragen bekommen. Der Lehrer soll immer wieder neu fordern, um damit in kleinen wohldosierten Stufen den Schüler in jedem Teilbereich dorthin zu bringen, wo er am Ende der Ausbildung stehen sollte.
Genau dieses „an die Grenzen bringen“ bietet dem Lehrer eine gute Möglichkeit, diese auch richtig einschätzen zu können.
Der Lehrer muss erkennen können, wann der Schüler in die Überforderung kommt und wo diese so weit geht, dass sie die systematische Handlungsfähigkeit zu beeinträchtigen beginnt, bzw. der sog.“Tunnelblick“-Zustand eintritt.
Dieser kann sehr bald dazu führen, dass nicht mehr alle relevanten Informationen so wahrgenommen werden, wie es notwendig wäre.

Phase 3 - ALLEINFLÜGE IM PLATZBEREICH

Wenn diese Phase erfolgreich abgeschlossen ist, kommt es zum wohl größten Erlebnis jeden Fliegers - Der erste Alleinflug!
Wie wir in der Grafik sehen können, wird dies als DAS Highlight in jeder Pilotenausbildung empfunden.
Darauf folgen nun einige Stunden, in welchen der Schüler alleine an Bord genau das macht, was er vorher mit viel Mühe und Konsequenz gelernt hat: Solo-Platzrundenflüge.
Diese Phase ist besonders wichtig um neben den fliegerischen Fähigkeiten auch das Selbstbewusstsein zu trainieren. Alle Entscheidungen werden ausschließlich vom Schüler alleine getroffen - der Lehrer bleibt am Boden und beobachtet seinen Schüler von dort aus.
Eigentlich trifft der Schüler auch bereits am Ende der vorangegangenen Phase diese eigenständigen Entscheidungen.
Aufgrund des hohen Konzentrationsgrades ist dies dem Schüler meist noch gar nicht so bewusst wie seinem Lehrer, der ihn ja schon längere Zeit nur mehr beobachtet, aber weder einen Kommentar abgibt noch sonst irgendwie in den Flug eingreift.

Phase 4 - NAVIGATION

Nun sitzen Starts und Landungen wirklich gut und es geht weg vom Flug platz.
Die Orientierung aus der Luft ist anfangs sehr gewöhnungsbedürftig und auch stark von den jeweiligen Sichtverhältnissen abhängig. Besonders in der Schätzung von Entfernungen kann das Wetter stark täuschen. Was bei klarem Wetter schon ganz nah scheint, ist bei trübem Wetter unter Umständen noch nicht einmal sichtbar.

Deshalb wird in den Grundlagen der Sichtflugnavigation hauptsächlich mit der Kombination aus Richtung, Weg und Zeit gearbeitet - der sogenannten „Koppelnavigation".
Hier muss sich der Schüler erstmals intensiv mit den Luftfahrtkarten und deren effizienter Interpretation auseinandersetzen. Auch die Vorbereitung der Flüge stellt nun neue Herausforderungen bereit.
Jede Flugvorbereitung ist ein Mentaltraining für den bevorstehenden Flug.
Vgl. Auch im Sport gehen z.B. Schirennläufer im Geiste vor dem Start jedes einzelne Tor durch.
Diese neuen Aufgaben bringen den Schüler nun in die Situation neben dem reinen Fliegen des Flugzeuges auch noch die Karte lesen zu müssen, den Magnetkompass zu beobachten und ggf. Richtungen zu korrigieren, die Höhe über längere Zeit einhalten zu müssen, das „Flightlog" abzuarbeiten und den Funkverkehr mit der Kontrollstelle abzuwickeln.
Hier kommen viele Aufgaben zusammen die in einem System gecheckt werden müssen. Gerade die Vielzahl an Tätigkeiten bringt in dieser Phase den Flugschüler wieder relativ oft an seine Grenzen (..und manchmal auch darüber hinaus).

Hier gilt es auch bereits die notwendige Prioritätensetzung zu trainieren.

Die zwei wichtigsten Merksprüche zu diesem Thema lauten:

„first fly the aircraft"
und
„Aviate > Navigate > Communicate"

Die „Koppelnavigation" sollte dann bald gut funktionieren und der Schüler sollte sich ein gutes Maß an Entscheidungsfähigkeit erarbeitet haben.

Damit werden wiederum Ressourcen für einen soliden Gesamtüberblick frei – für die „Situational Awareness"

Gegen Ende des Navigationstrainings kommen nun auch elektronische Navigationsmittel zum Einsatz. Hier ist der Schüler wiederum gefordert, sich mit dem zugehörigen Equipment zu beschäftigen - also wiederum ein neues Lernfeld.

Bei jedem Einsatz von etwas Neuem, bisher Unbekannten kann der Lehrer - auch jetzt noch - die mentale Belastung des Schülers wahrnehmen.

Eben im System des „Double Slingshot" –

- ein stetiges Auf und Ab zwischen Erfolg und Ernüchterung.

Es geht am Ende auch nicht ausschließlich um das Erlernen von Techniken und Verfahrensweisen, sondern auch um das gesunde Wachsen des Selbstbewusstseins beim Schüler, dass er imstande ist, auch schwierige und komplexe Dinge gut abzuwickeln - auch wenn sie vielleicht überraschend und erstmals auftreten.

Als Synonym für diese Fähigkeiten und Verhaltensweisen verwenden wir gerne den

Begriff „Airmenship"

Phase 5 - ALLEIN-ÜBERLANDFLÜGE

Wenn der Schüler alle vorherigen Phasen gut durchlaufen hat, kann er ohne den Lehrer den Übungsbereich verlassen und selbstständig Überland-Navigationsflüge durchführen.

Nun geht es in Richtung Ende der Ausbildung. Der Schüler fliegt von seinem Schulflugplatz alleine zu zwei anderen Plätzen, landet dort, gibt einen neuen Flugplan auf, holt die Wetterdaten ein und startet wieder.

Erstmals kann der Schüler hier das Gefühl der echten fliegerischen Eigenständigkeit erleben.
Als krönender Abschluss gibt es dann noch einen Prüfungsflug mit dem „Examiner“ der Luftfahrtbehörde, der nach Aussagen meiner Schüler, aufgrund der bereits erworbenen Fähigkeiten oft nur mehr als reine Formsache empfunden wird.

Die neurologischen Ebenen nach Robert Dilts*

****Robert Brian Dilts** - Zur Person*
(geb. 21. März 1955) ist ein Autor, Trainer und Berater im Bereich des Neuro-Linguistischen Programmierens (NLP).
Robert Dilts gehörte zu der Arbeitsgruppe um John Grinder und Richard Bandler, die Gründer des NLP, und war maßgeblich an der Weiterentwicklung beteiligt. Neben den beiden Gründern des NLP lernte er ebenfalls bei dem amerikanischen Psychologen und Psychotherapeuten Milton H. Erickson und dem Anthropologen Gregory Bateson, die seine weitere Arbeit prägten. Seine Arbeiten enthalten grundlegende Ansätze und Denkweisen zu Strategien und Glaubenssätzen (Überzeugungen). Des Weiteren kombinierte er die Systemische Therapie mit NLP und entwickelte so das Systemische NLP.
Seit 1975 ist er als Trainer dieser Programmierung tätig. Er entwickelte folgende Modelle mit:

- *Meta-Spiegel – Format zur Auflösung von zwischenmenschlichen Kommunikationsstörungen*
- *S.C.O.R.E. – (Symptom, Cause, Outcome, Ressource, Effect)*
- *Logische Ebenen – Das NLP-Modell beschreibt die Ebenen der Veränderung"*

- *Re-Imprinting – Format zur Auflösung von Glaubenssätzen*

2015 wurde er für sein Lebenswerk mit dem Life Achievement Award der Weiterbildungsbranche ausgezeichnet

[https://de.wikipedia.org/wiki/Robert_Dilts, 10.2.2020]

Zu Beginn möchte ich kurz das Thema im Allgemeinen erläutern, um dann diese Grundstruktur und Denkweise dann in das Umfeld der Fliegerei zu transponieren.

Das Modell der **logischen Ebenen** beschreibt die "Ebenen der Veränderung".

Es liefert Informationen über den besten Punkt, an dem eine Veränderungsarbeit ansetzen kann. Die logischen Ebenen dienen der Klärung, wo z.B. ein Problem, ein Ziel oder die eigene Mission angesiedelt ist.

Die Veränderungsarbeit setzt dann i.d.R. auf der nächst höheren Ebene an. Die logischen Ebenen sind hierarchisch gegliederte Ebenen des Denkens, die sich wechselseitig beeinflussen: Umwelt, Verhalten, Fähigkeiten, Werte / Glaube / Filter, Identität, Zugehörigkeit und Spiritualität.

Die Funktion jeder Ebene ist es, die Information auf der darunterliegenden Ebene zu organisieren. Veränderungen auf einer höheren Ebene haben notwendigerweise auch Veränderungen auf darunterliegenden Ebenen zur Folge. Eine Änderung auf einer der unteren Ebene kann, muss aber nicht, die darüber liegenden Ebenen beeinflussen.

Die Regeln, nach denen etwas auf einer bestimmten Ebene geändert wird, unterscheiden sich von jenen, nach denen auf einer anderen Ebene etwas verändert wird.

Die Transponierung der neurologischen Ebenen in die Fliegerei

Zusätzlich zur reinen Ebenenstruktur fließt auch noch die Unterscheidung zwischen Berufsfliegerei *(auf der linken Seite)* und Freizeitpiloten *(auf der rechten Seite)* mit ein.

* standard operational procedures

Die **Zugehörigkeit** zur Gruppe der Piloten eint Berufs- wie Freizeitflieger gleichermaßen. Eine große Begeisterung für die Luftfahrt ist eine der Grundvoraussetzungen, um sich dieser aufwändigen und auch teuren Ausbildung überhaupt zu unterziehen.

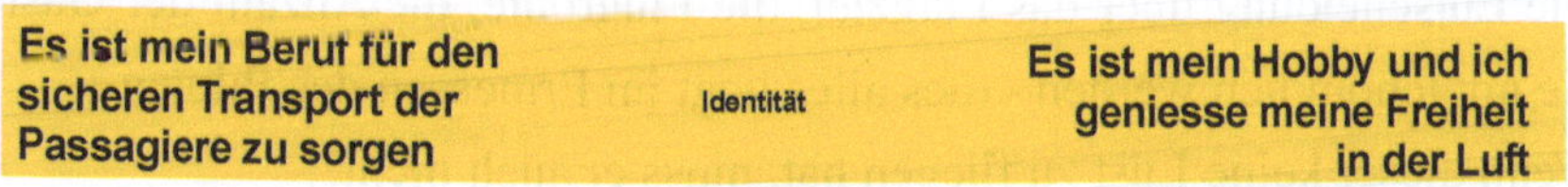

Die Kernunterscheidung in der **Identität** der beiden Zugänge zur Fliegerei könnte man an einfachsten mit folgender Aussage definieren:

„Der Freizeitpilot *darf* fliegen - der Berufspilot *muss* fliegen“

Ich halte mich streng an die Regelwerke (SOP*)	**Werte / Glaubenssätze**	**Ich kann frei wählen wohin ich fliege und welchen Weg ich nehme**

Die **Werte** in der Berufsfliegerei sind in einem außerordentlich hohen Maß vordefiniert und erlauben keine Abweichungen von den vorgeschriebenen Verfahren.
Ein etwaiges Abweichen kann sogar dann noch ein problematisches Thema sein, wenn etwa genau dadurch Menschenleben gerettet werden, was bei genauem Befolgen der innerbetrieblichen Vorgaben wahrscheinlich gar nicht möglich gewesen wäre.

Das bekannteste Beispiel hierfür ist sicher die Notlandung von Capt. Chesley Sullenberger mit einem Airbus A320 im Hudson River.
Seine getroffenen Entscheidungen widersprachen den Vorgaben und Vorstellungen seiner Airline, haben aber zu einer sicheren Notlandung geführt.
Dies hat sogar ein langwieriges Ermittlungsverfahren gegen ihn nach sich gezogen, welches später sogar verfilmt wurde.

In der Freizeitfliegerei ist der Pilot sicher von anderen **Werten** geprägt.
Er hat viele Freiheiten, die innerhalb eines gewerblichen Flugbetriebes gar nicht möglich sind.
Die Entscheidung über das Flugziel, die Flugroute, die Anzahl der Gäste, die mitgenommen werden - dies alles liegt im Ermessen des Piloten.
Wenn dieser keine Lust zu fliegen hat, muss er auch nicht.

Ein **gemeinsamer Wert** beider Kategorien ist die Sicherheit, die aber auch auf unterschiedliche Weise definiert wird.

Auch die genussvollen Momente eines jeden Fluges ist für beide Gruppen ein gemeinsamer **Wert**, der auch schon so machen Freizeitpiloten später doch noch zum Airliner werden ließ.

Die grundlegenden **Fähigkeiten** zu erlernen und richtig anwenden zu können ist Kern jeder fliegerischen Ausbildung. Diese kann man in verschiedene Levels einordnen.

Die „Basic-Skills" sollten allen Piloten bis zum Ende ihrer Ausbildung als völlig automatisiertes Programm implementiert und jederzeit ohne langes Nachdenken abrufbar sein. Ergänzend kommen noch viele weitere hinzu - natürlich auch wieder abhängig vom jeweiligen Ausbildungsziel.

Das richtige **Verhalten** fasst man in der Luftfahrt unter dem Begriff *„Airmenship"* zusammen.

Dies ist ein weitreichender Begriff, welcher viele Bereiche umfasst.

Es geht dabei nicht nur um das eigentliche Fliegen, sondern um eine ganze Reihe von zu beachtenden Dingen, die durchaus auch außerhalb des Flugzeuges liegen.

Dies beginnt schon bei einer kritischen Selbstbeurteilung, ob man an einem geplanten Flugtag auch wirklich flugtauglich ist.

Die Kriterien, die hierbei angewendet werden, sind sicher auf einem wesentlich höheren Level angesiedelt als man es z,B, beim Lenken eine Fahrzeuges praktizieren würde.

Prinzipiell wirkt sich jede Änderung auf einer Ebene, auf die darunterliegenden aus.
Aber... die **Umgebung**, in welche ein Flieger eingebettet ist, hat auch wesentlichen Einfluss auf sein Verhalten - und damit auch wieder auf die darüber liegenden Ebenen.
In der starren Struktur eines gewerblichen Flugbetriebes ist alles sehr genau geregelt und damit die Richtung von oben nach unten weitgehend vorgegeben.

Auch hierzu wieder ein Beispiel.

Selbst wenn jemand Freizeitflieger ist und sich daher nicht in einem starren und betrieblich geregelten System befindet, kann die Umgebung wesentlichen Einfluss auf sein **Verhalten** haben und sogar eine Veränderung seiner fliegerischen Werte, die ja in einer weit höheren Ebene angesiedelt sind, erreichen.
Ist man Mitglied in einem Fliegerverein, wird man (hoffentlich) sehr bald von Kollegen auf etwaige fliegerische Mängel oder gar auf Fehlverhalten aufmerksam gemacht.
Dies stößt nicht immer gleich auf großes Verständnis, bewirkt aber - vorausgesetzt es wird entsprechend vermittelt und aufgearbeitet - eine oft zu beobachtende **Veränderung der Werte**.

Wir Fluglehrer ...

... sind Vorbilder
... prägen das Verhalten unserer Schüler
... leben Verhalten und Werte vor
... begleiten und coachen

Die Beziehung Instructor <> Student

Das Funktionsmodell der Transaktionsanalyse

Einer der wichtigsten Säulen einer soliden Vermittlung von Fähigkeiten und Kenntnissen, speziell im Umgang mit Erwachsenen, ist ein Lehrer-Schüler Verhältnis auf „Augenhöhe“.
In der Flugausbildung haben wir es oft mit Menschen zu tun, die in der Regel bereits erwerbstätig sind, zum Teil schon eine Familie gegründet und eine ausgeprägte Persönlichkeitsstruktur entwickelt haben.
In der Interaktion muss der Fluglehrer diese Tatsachen ausreichend berücksichtigen.
Die Beziehungen der Teilnehmer eines Lehrganges untereinander und zum Fluglehrer können die Lernmotivation und den damit verbundenen Lernerfolg maßgeblich beeinflussen.

Auf welchen Ebenen können sich „Instructor“ und „Student“ begegnen...

1. sich selbst größer machend
> Eltern-ICH

2. auf gleicher Höhe
> Erwachsenen-ICH

3. sich selbst kleiner machend
> Kindheits-ICH

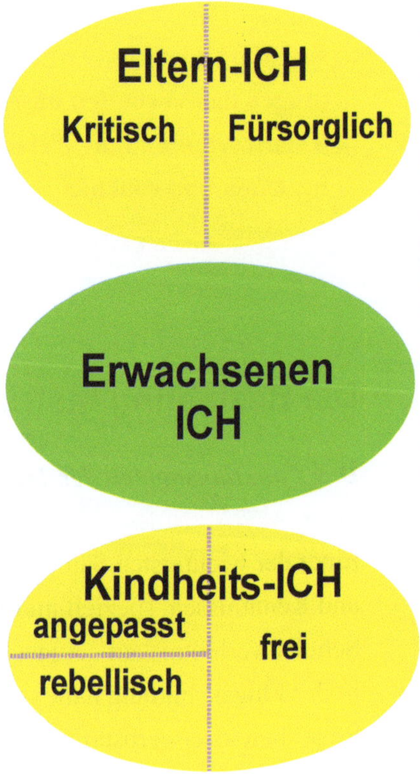

Die Grundeinstellungen des Menschen...

...sind emotionale Kernpositionen, grundsätzliche Wertungen der eigenen Person, anderer Menschen und des Lebens überhaupt.
Sie bezeichnen Erlebnisqualitäten und Stimmungen im Untergrund der Persönlichkeit, welche auf alles Erleben abfärben und auch die soziale Wahrnehmung des einzelnen entscheidend beeinflussen.

Die Transaktionsanalyse unterscheidet vier Grundeinstellungen:

(I) Ich bin nicht o.k. - Du bist o.k.:
Diese Grundeinstellung wird in der frühen Kindheit erworben als Gefühl des Kindes, das sich wegen seiner Kleinheit und Hilflosigkeit den Erwachsenen gegenüber unterlegen vorkommt. Viele Menschen bewahren sich dieses Grunderlebnis der eigenen Schwäche, Abhängigkeit und Unzulänglichkeit ein Leben lang - oft gegen alle Evidenz.
Einige behalten mit dem Gefühl der eigenen Minderwertigkeit auch den ungebrochenen Glauben daran, dass andere - wie ursprünglich ihre Eltern und Erzieher - für sie eintreten und sie in ihrer Schwäche stützen würden.

(II) Ich bin nicht o.k. - Du bist nicht o.k.:
Eine andere Möglichkeit, mit dem Gefühl der eigenen Minderwertigkeit fertig zu werden, liegt darin, dieses Gefühl nun auch auf den jeweiligen Interaktionspartner auszudehnen. Ein Lebensgefühl der Sinnlosigkeit ist die Folge.

(III) Ich bin o.k. - Du bist nicht o.k.:
Eine dritte Möglichkeit, das Gefühl der eigenen Minderwertigkeit im Vergleich zu anderen zu überwinden ist, das Verhältnis einfach umzudefinieren: seine eigenen (vermeintlichen oder tatsächlichen) Schwächen und Mängel auf den anderen zu projizieren und bei diesem zu bekämpfen:
Die Menschen sind schlecht - sie denken an sich - nur ich denk' an mich!

(IV) Ich bin o.k. - Du bist o.k.:
Während die ersten drei Grundanschauungen weitgehend auf ungeklärten Gefühlen beruhen, geht die vierte auf Denken, Entscheidung und Einsatzbereitschaft zurück.

Es ist die Haltung derer, die sich gegenseitig als Personen achten, akzeptieren und wertschätzen.
Dies muss nicht Verzicht auf Bewertung des eigenen und fremden Verhaltens bedeuten. Wer aus dieser Grundposition lebt, kann bei der Bewertung eines anderen sehr gut unterscheiden, was die Beurteilung einer erfolgten Handlung oder eines Verhaltens ist und was die Person als Ganzes ausmacht. Die Beurteilung muss zwischen Einzelhandlung und Gesamtperson klar getrennt bleiben.
Diese vierte Grundposition stellt sich in aller Regel nicht von selbst ein; sie muss durch Reflexion, Entscheidung, Arbeit an der eigenen Persönlichkeitsentwicklung erkämpft und immer wieder neu gesichert werden. Sie bietet eine gute Basis für gesunde, lebendige Transaktionen.

Aber... Nicht jeder kann mit jedem!

Ich bin nicht OK	**Du bist OK**
Ich bin nicht OK	**Du bist nicht OK**
Ich bin OK	**Du bist nicht OK**
Ich bin OK	**Du bist OK**

Für ein gutes und zielführendes Ausbildungsklima kann nur die wechselseitige Begegnung im **Erwachsenen-ICH** effizient und angenehm sein.

Die Schülergruppe im Theorieunterricht

Im Theorieunterricht, welcher ja meist nicht nur zwischen dem Lehrer und EINEM Schüler erfolgt, kommen dabei auch noch Faktoren der Gruppendynamik ins Spiel.
In einer Lerngruppe können zum Beispiel vorkommen:

Helfer
Schweiger
Streitsüchtige
Spaßmacher
Schrittmacher
Schüchterne
Problemsucher
Uninteressierte

[freeimage by www.dreamstime.com]

Jede Lerngruppe ist nur dann motivierbar, wenn die sozialen Beziehungen ihrer Mitglieder geklärt sind und die Verschiedenartigkeit der einzelnen Teilnehmer keine Behinderung darstellt.

Es können natürlich trotz allem Bemühen auch Konstellationen entstehen, die nicht funktionieren.
Dies muss man bei einer Lerngruppe ebenso zur Kenntnis nehmen wie beim Zusammenstellen eines Teams/einer Crew zur Kenntnis nehmen.

Der Umgang mit unterschiedlichen Lerntypen

Modell nach Kolb

Das Modell entstand 1985 und ist im deutschsprachigen Raum am verbreitetsten:

Divergierer

(etwa: der Entdecker)

bevorzugen konkrete Erfahrung und reflektiertes Beobachten. Ihre Stärken liegen in der Vorstellungsfähigkeit. Sie neigen dazu, konkrete Situationen aus vielen Perspektiven zu betrachten und sind an Menschen interessiert. Sie haben breite kulturelle Interessen und spezialisieren sich oft in künstlerischen Aktivitäten.

Der Divergierer fragt:

Ist es möglich, das Problem, das Wissen, das neu erworben werden soll, aus möglichst

vielen Perspektiven zu betrachten?

Wird die Vorstellungskraft angeregt und ist ein Austausch mit anderen möglich?

Können eigene Erfahrungen gemacht werden?

Gibt es Visualisierungen?

Assimilierer

(etwa: der Denker)

bevorzugen reflektiertes Beobachten und abstrakte Begriffsbildung. Ihre Stärken liegen in der Erzeugung von theoretischen Modellen. Sie neigen zu induktiven Schlussfolgerungen und befassen sich lieber mit Dingen oder Theorien als mit Personen. Sie integrieren einzelne Fakten zu Begriffen und Konzepten.

Der Assimilierer fragt:
Gibt es übergeordnete Konzepte und Theorien zu den Lerninhalten?
Ist es möglich, Fakten zu sammeln und zu einem Konzept zusammenzufassen?
Gibt es Phasen der Einzelarbeit? Ist die Lernsituation strukturiert?

Konvergierer
(etwa: der Entscheider)
bevorzugen abstrakte Begriffsbildung und aktives Experimentieren. Ihre Stärken liegen in der Ausführung von Ideen. Sie neigen schnell zu hypothetischen Schlussfolgerungen und befassen sich lieber mit Dingen oder Theorien (die sie gern überprüfen) als mit Personen.

Der Konvergierer fragt:
Gibt es Theorien, die man in die Praxis umsetzen kann?
Können Experimente eingebunden werden?
Ist ein Praxistransfer möglich?

Akkommodierer
(etwa: der Praktiker)
bevorzugen aktives Experimentieren und konkrete Erfahrung. Ihre Stärken liegen in der Ausgestaltung von Aktivitäten. Sie neigen zu intuitiven Problemlösungen durch Versuch und Irrtum und befassen sich lieber mit Personen als mit Dingen oder Theorien. Sie verlassen sich mehr auf einzelne Fakten als auf Theorien.

Der Akkomodierer fragt:
Kann man etwas ausprobieren, sich Inhalte intuitiv erschließen und so seine Erfahrungen machen? Ist es möglich, mit anderen zusammenzuarbeiten?

Die Verwendung von Metaphern in der Flugausbildung

Speziell in der Luftfahrt sind die Schüler mit völlig neuen Dingen konfrontiert, die nicht immer sofort oder gar leicht zu verstehen sind. Um sich neue, komplexe Zusammenhänge besser vorzustellen und verstehen zu können, werden sehr häufig Metaphern verwendet.
Durch die Verknüpfung von neuen Inhalten mit bereits bekannten, sind speziell technische Inhalte oft leichter zu verstehen. Das „Verstehen" ist eine wesentliche Voraussetzung, um neue Dinge gut und nachhaltig erlernen zu können.
Um die Verwendung von Metaphern in der Flugausbildung gut zu veranschaulichen, möchte ich hier einige exemplarische Beispiele bringen.

Wie erklärt man mit Hilfe von Metaphern das Gesetz von Bernoulli ?

Daniel Bernoulli (Mathematiker), Geboren: 8. Februar 1700, Groningen, Niederlande, Gestorben: 17. März 1782, Basel, Schweiz

Hier zunächst die (vereinfachte) technische Erklärung:
Wenn Luft durch eine Röhre strömt, deren Querschnitt sich in der Mitte verengt, kommt am Ende des Rohres genau jene Luftmenge in derselben Zeit an, wie die außen vorbeiströmende Luft.
Um dies möglich zu machen, müssen die Luftteilchen an der engsten Stelle beschleunigen.
Wie erklärt und versteht man am einfachsten diesen Zusammenhang?
Bei der Suche nach einer geeigneten Metapher zu diesem Thema bieten sich diese beiden folgenden Beispiele an:

Die Metapher vom Gartenschlauch

Links: Ein Gartenschlauch ohne Düse > Querschnitt bleibt gleich > Wassermenge fließt in derselben Geschwindigkeit aus dem Schlauch, wie er an der anderen Seite hineinfließt.

Rechts: Der Querschnitt verengt sich durch die Düse oder auch durch simples Zusammendrücken am Schlauchende > Wasserteilchen werden beschleunigt.

Bernoulli zum „Angreifen"

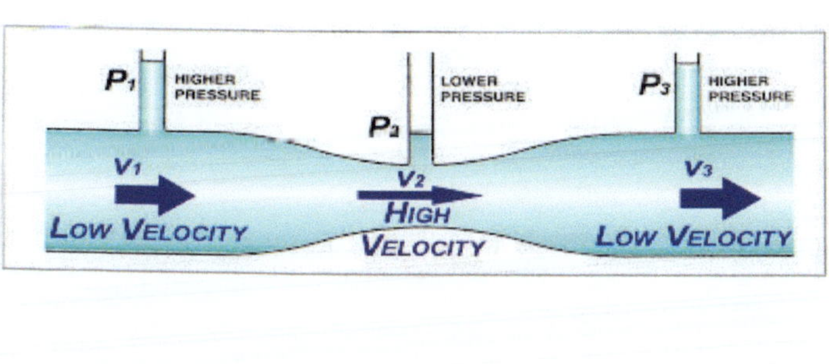

Die Metapher von der „Autobahn-Engstelle“

Man stelle sich eine dicht befahrene Straße mit 2 Spuren vor.
Plötzlich ist eine Spur durch eine Baustelle blockiert.
Hier bietet es sich an, nun die Frage an die Schüler zu richten:
„Was muss passieren, damit es zu keiner Verlangsamung des Verkehrs kommt?“
Natürlich müsste jedes Auto durch die Engstelle mit der doppelten Geschwindigkeit fahren. Auch wenn es nur eine theoretische Vorstellung ist, macht es das Thema für alle greif- und vorstellbar.

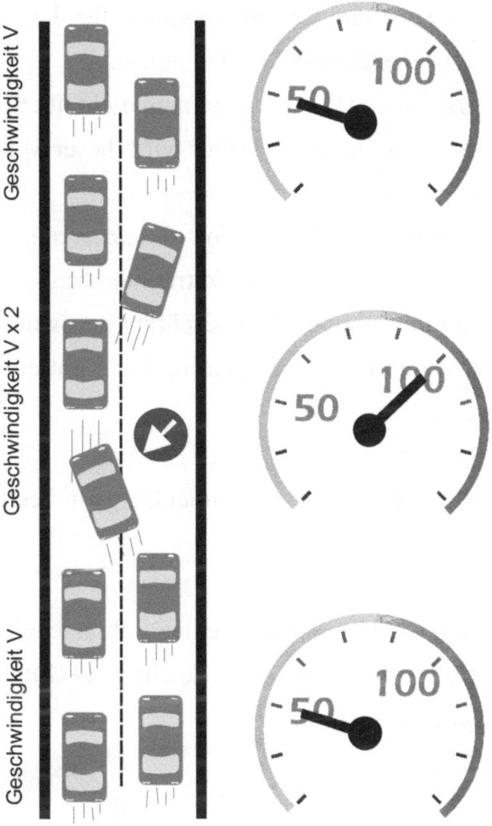

Die Metapher von den Straßenverkehrsschildern

Zum besseren Verständnis mancher Themen im Luftfahrtrecht eignen sich auch metaphorische Vergleiche mit Dingen, die üblicherweise aus anderen Lebensbereichen vertraut sind, bestens.
Hier als Beispiel die Erklärung des Unterschiedes zwischen einem „Gefahrengebiet“ und einem „Flugbeschränkungsgebiet“.

Ein Gefahrengebiet weist auf etwaige *Gefahren* für die Luftfahrt hin, die mit dem Durchfliegen des Gebietes verbunden sind.
Dies ist ein Hinweis! Einen Hinweis kann man nicht übertreten, schlimmstenfalls hat man ihn nicht beachtet. Daher wird dieser Vorgang auch nicht rechtlich geahndet.
Ein Beschränkungsgebiet beinhaltet eine *Beschränkung* - z.B. auf bestimmte Luftfahrzeuge, auf bestimmte Zeiträume, etc.
Beim Durchfliegen eines aktiven Flugbeschränkungsgebietes begeht man eine Verwaltungsübertretung. Der Durchflug kann mit einer Verwaltungsstrafe geahndet werden.

Wie kann man sich einen solchen Zusammenhang am besten und einfachsten merken?

Nachdem die meisten Flugschüler auch einen Führerschein besitzen, kennt man den Unterschied zwischen dem Zeichen „Achtung Schleudergefahr“ und dem Zeichen „Überholverbot“.

Schleuder*gefahr* weist auf die zu beachtende Gefahr hin.
Wenn man diese Gefahr ignoriert und dadurch mit seinem Fahrzeug im Straßengraben landet, wird man nicht wegen der Übertretung des Verkehrszeichens bestraft.
Wenn man allerdings ein Überhol*verbot* missachtet, muss es gar nicht erst zu einem Unfall kommen, um für dessen Nichtbeachtung ggf. bestraft zu werden.

Die Metapher vom Autogetriebe

Oftmals bereitet das Verständnis für den Umgang mit einem Constant Speed Propeller echte Schwierigkeiten. Wir verwenden wieder einen Vergleich zu einem Vorgang, der fast allen bekannt ist. Das Autogetriebe!

Leistung erhöhen

Leistung reduzieren

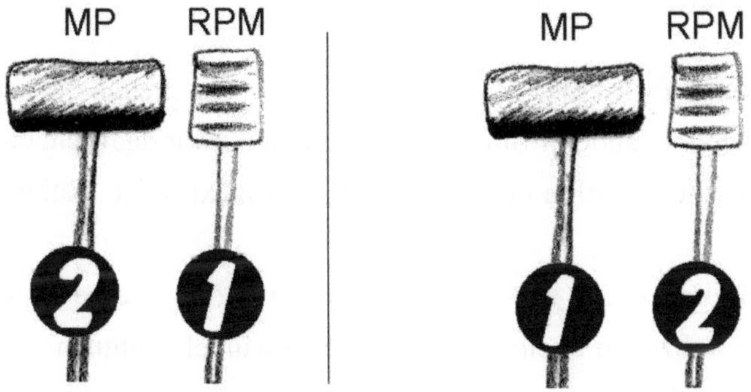

Zuerst die Drehzahl
Dann den Ladedruck

Zuerst den Ladedruck
Dann die Drehzahl

Der MP Hebel ist unser Gaspedal -
der Propellerhebel unsere Gangschaltung

Hier brauchen wir mehr Leistung,
schalten zurück (RPM) und
geben dann erst Gas (MP).

Hier brauchen wir die
hohe Leistung nicht mehr.
Wir nehmen das Gas (MP)
zurück und schalten (RPM).

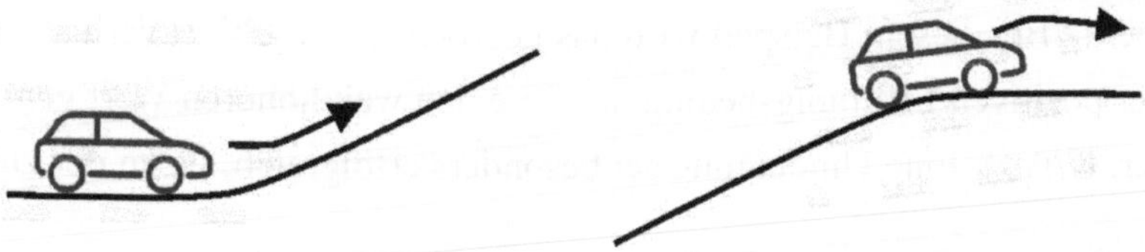

Reframing im Ausbildungsbetrieb

Was ist Reframing?

Der Begriff **Umdeutung** von Englisch r*eframing*, seltener auch *Neurahmung* bezeichnet eine Technik, die aus der Systemischen Familientherapie bekannt wurde, und auf Virginia Satir zurückgeführt wird. Im Neuro-Linguistischen Programmieren, sowie in der Provokativen Therapie wird der Umdeutungsmethodik (Reframing) ein hoher Stellenwert eingeräumt.

Durch Refraiming wird eine Situation oder einem Geschehen eine andere Bedeutung oder ein anderer Sinn zugewiesen, und zwar dadurch, dass man versucht, die Situation in einem anderen Kontext (oder „Rahmen“) zu setzen.
Einem in der Umdeutung geübten Fluglehrer ist es durch reine Kommunikation möglich, Szenen in einem anderen Blickwinkel (Rahmen) erscheinen zu lassen, sodass er dem Schüler erleichtert, mit der Situation umzugehen.
Ein Beispiel hierfür ist die Umdeutung der Rolle als Opfer („Ich verliere immer in dieser Fluglage die Höhe - ich kann einfach nichts dagegen machen“) in eine aktive Rolle, aus der heraus andere Entscheidungen als bisher getroffen werden können.
Andere Beispiele sind die Umdeutung eines als negativ wahrgenommenen Verhaltens („Der Fluglehrer XY lässt mich nie funken.“) in ein positives („XY will nur, dass du dich ganz aufs Fliegen konzentrieren kannst“).
Eine Umdeutung aus dem Alltag lautet beispielsweise: „Scherben bringen Glück!“ Bei diesem Beispiel wird das gebrochene Geschirr (Verlust) zu einer positiven Erfüllungsbedingung für einen weit höheren Wert genützt (hier: *Glück*). Eine Umdeutung sei besonders erfolgreich, wenn der zu er-

füllende Wert subjektiv vom Leidenden als höherrangig (innerlich wesentlicher) repräsentiert wird.

Es wird zwischen *Kontext-* und *Bedeutungsreframing* unterschieden.
Bei einem Kontextreframing wird etwas in einen alternativen Kontext gestellt, in welchem es eine andere (positive) Bewertung erhalten würde.
Ein Verhalten kann in einer Situation negativ sein in einer anderen sinnvoll oder gar überlebenswichtig.

Bei einem Bedeutungsreframing (Umetikettieren, Umlabeln) bleibt der Kontext gleich, aber ein kausaler Zusammenhang wird aufgehoben, indem man der vermeintlichen Ursache eine andere Bedeutung gibt.
Prinzipiell ist es in der Fliegerei ein positiver Wesenszug, sich selbst und alle dazugehörigen Denk- und Handlungsmuster immer wieder auch zu hinterfragen.
Dies erfolgt beim „Briefing" vor, und beim „Debriefing" nach dem Flug.
Es hat sich zur besseren Einschätzung seitens des Lehrers gut bewährt, den Schüler einfach nach dem Flug selbst reflektieren zu lassen, wie er seine eigenen Leistungen einschätzt.

> Deckt sich diese Selbsteinschätzung mit jener des Lehrers?
> Wie ist die Art und Weise der Erzählung?
> Frustriert, angespannt, locker, positiv, überschwänglich?

In manchen Situationen bedarf es einer sehr genauen Beobachtung, ob dieses Hinterfragen nicht zu einem (negativ behafteten) Kreislauf wird, der dann in weiterer Folge auch zu lernhemmenden Selbstzweifeln führen kann.

Gerade das **Reframing** eignet sich besonders gut, um normalerweise durchaus gesunde Unsicherheiten der Schüler aus dem Bereich des negativen oder gar destruktiven Denkens zu holen.

Bedeutungsreframing

typische Beispiele

Schüler:	Lehrer - Reframing
„Ich bin immer unzufrieden, wenn ich nicht perfekt lande"	„Du kannst bei jeder nicht-perfekten Landung etwas Neues dazulernen"
„Ich bin mir nie sofort sicher, ob ich dafür eine Freigabe brauche"	„Es ist sehr gut, dies auch wirklich immer nochmals zu hinterfragen"

Kontextreframing

typische Beispiele

Schüler:	Lehrer - Reframing
„Ich fliege lieber nur bei ruhigem Wetter, weil ich die Turbulenzen nicht mag"	"Damit bist du der ideale Pilot, um deinen nichtfliegenden Freunden die Welt von oben zu zeigen"
„Ich brauche für den Außencheck immer sehr lange"	„So kannst du auch sehr unauffällige technische Fehler entdecken - damit wärest du auch gleichzeitig ein guter Lfz-Techniker"

Das 4-Mat System in der Ausbildung

Die Anwendung des 4-Mat Systems bietet sich sowohl in einem Theorielehrgang als auch in der Praxisschulung an.

Prinzipiell ist es den Methoden der modernen Didaktik sehr ähnlich.

Jede Ausbildungseinheit sollte auch dort immer mit einer konkreten Zielformulierung begonnen werden.

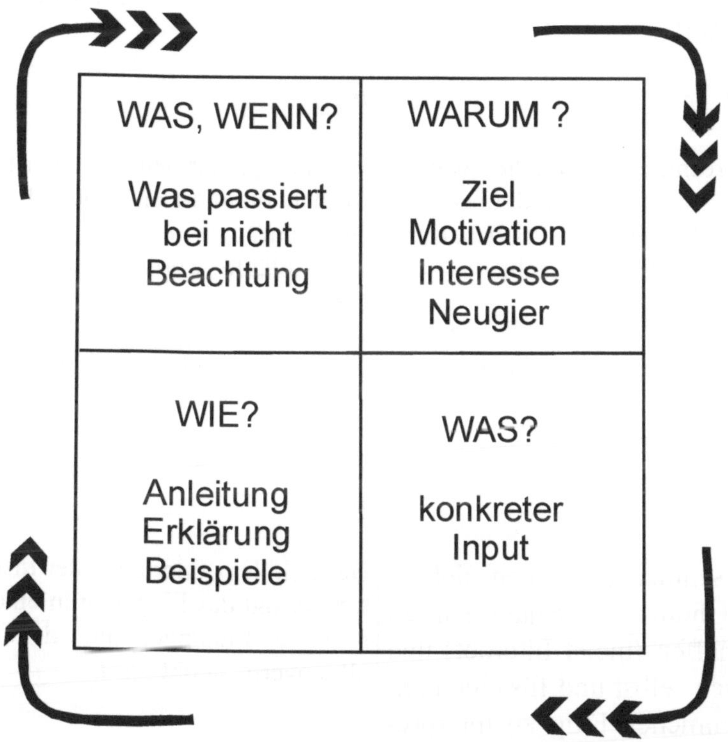

„Erkläre es mir und ich werde es vergessen.
Zeige es mir und ich werde mich erinnern.
Lass es mich selber tun und ich werde es verstehen.“ [Konfuzius]

THEORIEUNTERRICHT	PRAXISUNTERRICHT
Am Beispiel - Luftfahrtrecht	Am Beispiel - Emergencies
Warum?	***Warum?***
Eine naturgemäß sehr trockene Thematik, die nur gut aufgenommen wird, wenn man den Sinn dahinter von Anfang an erkennt.	Es ist wichtig vor Beginn der Übung den Sinn hinter den Emergency-Trainings ausreichend zu erklären.
„Wofür wird das Thema gebraucht?“	*„Wann kann ich dies brauchen?“*
Was?	***Was?***
Die rechtlichen Inhalte werden möglichst einfach und übersichtlich erklärt und mit Praxisbeispielen verständlich gemacht.	Welche (abnormen) Flugzustände werden simuliert und wie geht man damit um? Die Abläufe werden durchbesprochen.
„Wo finde ich die Informationen?“	*„Wo finde ich die Emergency Procedures ?“*
Wie?	***Wie?***
Die Schüler versuchen sich in der Übung, Informationen zu beschaffen (meist Internet) und für sich selbst und für einen angenommenen Flug zu interpretieren.	Der Schüler - oder auch der Instructor - bringt das Flugzeug in eine abnormale Fluglage, aus dem das „Recovern“ geübt wird.
„Wie finde ich alle Unterlagen und wie interpretiere ich sie richtig?“	*„Wie fühlt es sich an, wenn das Flugzeug außer Kontrolle ist?“*

Was, wenn..?	***Was, wenn..?***
Am Ende steht der Check ob das Thema gut verstanden wurde oder nicht.	Im anschließenden „Debriefing“ wird die Übung besprochen und aufgearbeitet.
„Wie handhabe ich diesen Vorgang im praktischen Flugbetrieb?“	*„Was funktionierte gut und was muss noch weiter geübt werden?*

Fehlerkultur in der Flugausbildung

Wer nie Fehler macht fliegt nie ..?!

Fehler allein als negatives Ereignis zu betrachten nimmt dir und deinen Flugschülern die Möglichkeit, einen gesunden Umgang mit den eigenen Fehlern zu erlernen, diese zu erkennen und daraus zu lernen. Aber nicht nur aus eigenen Fehlern kann man lernen.
Aus diesem Grund werden auch Flugunfallberichte in anonymisierter Form veröffentlicht.

In Österreich können diese auf der Webseite des BMVIT jederzeit eingesehen werden:
www.bmvit.gv.at/themen/luftfahrt/behoerden/untersuchung.html

Was sind nun die größten Vorteile einer gesunden Fehlerkultur?

- Schnelles Entdecken von Dingen oder Abläufen, die nicht gut funktionieren
- Erkennen von hinderlichen Strukturen
- Frühe Hinweise auf tieferliegende Probleme
- Schwachstellen im Team werden schnell erkannt
- Fehlfunktionen an Mensch und Maschine werden sichtbar

Fehlerkultur benötigt manchmal eine neue Perspektive.
Wir sind aber seit unserer Kindheit darauf konditioniert, möglichst keine Fehler zu machen. Egal ob es die falsche Lösung in einer Mathematikschularbeit oder ein falscher Ton beim Klavierunterricht war, es hatte immer in irgendeiner Form negative Konsequenzen - auch wenn wir uns heute manchmal nur mehr mit einem Lächeln daran erinnern.

Wir können aber aus Fehlern lernen. Deshalb ist es auch ungemein wichtig Fehlern den anerzogenen negativen Beigeschmack zu nehmen.

Denn... ***es gibt niemanden der keine Fehler macht!***

Sprich über Fehler!
Sprich auch über Dinge die Dir beinahe passiert wären!
Sprich über Situationen, die Dich verunsichert haben!

Gib Deine Erfahrungen weiter. Ermutige Deine Kollegen, z.B. bei einer Fluglehrerbesprechung von einer Situation, einem Ereignis zu berichten, das landläufig in die Kategorie „Fehler“ passen könnte. Man kann feststellen, dass es wiederholt dieselben Auslöser sind die zu, immer wieder sehr ähnlichen Fehlern führen.
Nur so weiß man auch, wo man ansetzen kann. Eine gesunde Fehlerkultur muss auch von jedem einzelnen Fluglehrer einer Schule vorgelebt werden. Erzähle Deinen Flugschülern, was Dir schon alles passiert ist.

Erinnere Dich immer wieder daran: Wir sind Vorbilder!

Aus Fehlern zu lernen heißt eigene Wissensgrenzen zu überschreiten.
Wie uns allen bekannt ist, führt auch kaum ein einzelnes Ereignis, bzw. ein einzelner Fehler zu einem Zwischenfall oder gar zu einem Flugunfall. Es braucht eine Verkettung von mehreren Faktoren, die dann tatsächlich imstande sind einen Unfall zur Folge zu haben.

Das berühmte Schweizer-Käse-Modell ist eine genauso simple wie eindrucksvolle Darstellung einer klassischen Fehlerkette.

Es ist eine bildhafte Darstellung von latenten und aktiven menschlichen Fehlern als Beitrag zum Zusammenbruch von komplexen Systemen und beschreibt die Verkettung von Unfallursachen.

Das Modell wurde ursprünglich vom britischen Psychologen *James Reason* von der Universität Manchester entwickelt und hat seitdem eine breite Akzeptanz in vielen Bereichen gefunden.

Die Löcher im Käse wie etwa beim Emmentaler sind ein Bild für die Unvollkommenheit von Sicherheits- oder Schutzmaßnahmen in einem Sicherheitssystem. Die Käselöcher als Schwachstellen können unerwartet ihre Größe und Lage verändern. Bei einer ungünstigen Kombination vieler ursächlicher Faktoren entwickeln sich einzelne Fehler zu Schäden, Unfällen oder katastrophalen Folgen. Im Modell liegen dann die Käselöcher auf einer Linie und es entsteht die „Gelegenheit zu einer Flugbahn", so Reason, die alle Sicherheitsbarrieren überwindet.

Anstelle eines Modells kann der Schweizer Käse auch als nützliche Metapher aufgefasst werden.

Irgendwo sollte die Linie auf festes Material treffen und damit unterbrochen werden.

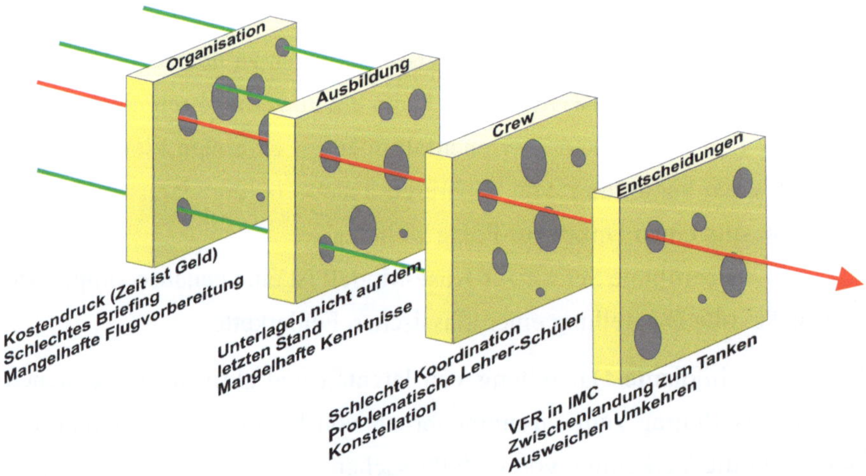

Wirklich kritisch wird es immer dann, wenn man davon überzeugt ist, dass man selber keine Fehler macht. Dann hat man gute Chancen, ins erste Problem völlig unvorbereitet hineinzustolpern.

„Alle Fehler sind verzeihlicher als die Mittel, welche man anwendet um sie zu verbergen"

[Fracois La Rouchfoucauld, 1613-1680]

Bei einem negativen oder gar gefährlichen Ereignis wird die Schuldzuweisung als erstes zumeist gegen die Akteure an „vorderster Front" erhoben.
Die genauere Betrachtung eines Schadens oder Unglücks kann jedoch auf zweierlei Weise erfolgen:

Personen- oder Systemfehler

Personenfehler entstehen an der Front eines Systems.
Die einzelne Mensch ist das operative Ende einer Kette.
Genau dort ist der Pilot am Werk.
Durch einen aktiven Fehler des Piloten, ergeben sich unmittelbare Auswirkungen. Doch was spielt in der Ursachenkette alles mit? Warum werden diese Fehler gemacht?
Als mögliche Ursachen benennt, z.B. der Psychologe James Reason unter anderem Unaufmerksamkeit, Müdigkeit, Vergesslichkeit oder einfach Fahrlässigkeit.
Man könnte es auch schlicht *mangelndes Airmanship* nennen.

Systemfehler oder latente Fehler. Hier haben wir es mit einem Fehlertyp

zu tun, welche einen grundlegenden Unterschied zu aktiven Fehlern aufweisen. Bis jetzt haben wir nur von Fehlern gesprochen, die sofortige und unmittelbare Auswirkungen haben. Bei den latenten Fehlern, oder auch Systemfehlern, ist ein Ausbleiben von Konsequenzen hingegen oft für einen langen Zeitraum möglich.
Zu Auswirkungen kommt es erst in Kombination mit zusätzlich auftretenden aktiven Fehlern. Hier können zum Beispiel Entscheidungen der Ausbildungs- oder der Flugbetriebsleitung aber auch die eines Vereinsvorstandes mögliche Ursachen sein.
Dabei wird nicht unterschieden, ob diese Entscheidungen richtig oder falsch sind. Letzten Endes zählt das Potential der Entscheidung, die Rahmenbedingungen zu schaffen, die aktive Fehler überhaupt erst ermöglichen.

Als mögliche Situationen mit latenten Fehlern, die Auswirkungen möglich machen, möchte ich hier 3 exemplarische Situationen anführen:

- Die Rahmenbedingungen fördern potenzielle Fehler.
  Zeitdruck oder schlecht motivierte Personen sind in die Prozesse involviert. Auch Unerfahrenheit des eingesetzten Personals kann viele der „Käselöcher" öffnen.
  Oft gehört: „Was soll schon passieren?"

- Es kommt auf lange Sicht zu Schwächen in den Sicherheitsmechanismen. Sich sehr langsam aufbauende Mängel werden oft durch den langen Entwicklungszeitraum nicht rechtzeitig erkannt oder auch einfach nicht aufgearbeitet.
  Oft gehört: „Das haben wir immer schon so gemacht!"

- Niemand spricht bereits erkannte und drängende Probleme an.
  Oft gehört: „Man sollte ihn darauf ansprechen."

Kognitive und psychophysiologische Überbelastungen als mögliche Fehlerquelle

Eine hohe psychische Belastung aufgrund einer individuell eingetretenen (*und evtl. auch als subjektiv kritisch eingeordneten*) Situation kann sehr schnell Entscheidungsprozesse negativ beeinflussen.
Im Extremfall kann dies sogar zur völligen Handlungsunfähigkeit führen.

Charakterisieren kann man dies anhand einiger Faktoren:
Das Situationsbewusstsein (Situational Awareness) ist deutlich herabgesetzt. Der Pilot ist auf eine Tätigkeit oder ein einziges bestehendes Problem so fixiert, dass er seine fliegerische Umwelt nur mehr stark eingeschränkt wahrnehmen kann.
Dieser Zustand entlädt sich dann auch oft in einem vorschnellen Handeln, wo die benötigte Systematik verlorengeht.
Daraus resultiert ein rein impulsgetriebenes Handeln (vgl. Thema „Zwischenhirn“), welches selten zum erwünschten Ergebnis führt.

Je besser wir auf die Fehler vorbereitet sind, die wir vielleicht machen könnten, umso kleiner ist die Wahrscheinlichkeit, dass sie zum echten Problem werden.

Der Fluglehrer – Wissensquelle – Vorbild – Kollege – Freund

Ich möchte gleich zu Beginn dieses neuen Kapitels eine ganz persönliche Geschichte zum Besten geben.

Nach Abschluss meiner Fluglehrerausbildung war der Tag der theoretischen Prüfung gekommen. Dies ist auch die einzige, die in mündlicher Form vor einer Prüfungskommission abzulegen ist.
Ansonsten werden alle fliegerischen Theorieprüfungen mit Multiple-Choice schriftlich durchgeführt.
Zu Beginn hielt ich meinen Prüfungsvortrag.
Thema: Verschiedene Klappensysteme in Luftfahrzeugen.

Die Prüfungskommission begutachtet dabei nicht nur die fachlichen Inhalte, sondern vor allem die Vermittlungskompetenz der Lehrer-Anwärter. Nachdem die Herren der Kommission damit offensichtlich sehr zufrieden waren, folgte das „Fachgespräch". In diesem „simulieren" die Prüfer eine Gruppe Flugschüler, die unterschiedlichste Fragen zu genauso unterschiedlichen Themen stellen.

Gleich die allererste Frage hatte einen Themenbereich des Luftfahrtrechts zum Inhalt.
Eine spezielle Frage zum AIZ *(Abkommen über die internationale Zivilluftfahrt).*

Ich schluckte und überlegte kurz – langes Überlegen war gar nicht nötig…
…ich hatte nämlich keine Ahnung!

So entschloss ich mich, die Flucht nach vorne anzutreten, zumindest habe ich es damals so empfunden.

Ich erklärte dem Fragesteller: „Es tut mir leid, das weiß ich im Moment nicht. Mit dem Thema muss ich mich noch genauer beschäftigen."
Die Herren sahen mich an und schwiegen …

„Diese Antwort ist richtig!", kam aus dem Mund des Vorsitzenden, was mich in diesem Moment dann doch etwas verwirrt hat.
„Sie sind zukünftiger Fluglehrer – keine fliegende Datenbank"
„Wenn Sie etwas nicht wissen stehen Sie dazu, genauso wie Sie das jetzt gerade getan haben, aber lassen Sie sich niemals dazu hinreißen dem fragenden Schüler irgendeine Geschichte zu erzählen, nur um ihre kleine Wissenslücke zu kaschieren. Sie sind der Lehrer und der Schüler wird ihnen fast alles glauben, egal, was es für ein Blödsinn ist.
Versuchen Sie aber zu vermeiden, es beim nächsten Treffen noch immer nicht zu wissen."
Das habe ich mir auch wirklich beibehalten.
Die Antwort „das kann ich Dir jetzt momentan auch nicht beantworten", ist vielen meiner Schüler durchaus vertraut.
Es vermittelt auch jedem Schüler einige überaus wichtige Erkenntnisse – die übrigens nicht nur fürs Fliegen gelten:

Niemand weiß alles!

Niemand hört jemals auf zu lernen!

Wer aufhört besser zu werden,
hört auf, gut zu sein!

Praxistipps, die nicht nur Flug- Lehrern und Schülern helfen können

Nach meiner bestandenen praktischen Prüfung zum Fluglehrer reichte mir mein Prüfer die Hand mit folgenden Worten:
„Ich gratuliere Herr Kollege – und jetzt werden sie wirklich fliegen lernen!"
Erfreut bedankte ich mich bei ihm und sinnierte noch einige Zeit, was er jetzt damit gemeint haben könnte.
Als ich dann kurz darauf meine praktische Ausbildungstätigkeit begann wurde mir der Sinn dieser Worte bald sehr klar.
Viel haben wir in der Fluglehrerausbildung über Methodik und Didaktik, Teaching and Learning, usw., gehört.
Nun da ich zum ersten Mal mit einem „echten" Schüler im Flugzeug saß, war für mich davon nichts wirklich Greifbares mehr da.
Die Herausforderung hieß plötzlich „Wie erkläre ich das?"
Ich war zudem hauptsächlich mit eher älteren Schülern konfrontiert, für welche das Erlernen des Fliegens schon sehr fordernd war.
Und genau das war es auch für mich. Nebenbei bemerkt bin ich heute, im Nachhinein betrachtet, sogar dankbar dafür.
Je schwieriger der Schüler, umso größer der Erfahrungsgewinn beim Lehrer.
Nachdem ich aber neue Herausforderungen gerne annehme habe ich mir gerade in dieser ersten Zeit einen großen Fundus an Tipps und Tricks angelegt. Einige davon möchte ich hier in den nächsten Kapiteln vorstellen, auch wenn das Neuentdecken von Methoden (hoffentlich!) niemals abgeschlossen sein wird.

Der erste praktische Schulungstag

Der allererste Schulflug mit einem neuen Schüler steht an.
Schon das Treffen am Flugplatz und das erstmalige Betreten der, ansonsten nicht allgemein zugänglichen Bereiche ist etwas Besonderes; ganz speziell auf einem Verkehrsflughafen wie Graz (unserer Homebase), Für einen echten Newcomer ist das wie ein Eintauchen in eine neue Welt, manchmal sogar in einen neuen Lebensabschnitt.
Es ist ja schon ab dem Moment für einen Schüler ungewöhnlich, wenn er nicht dort ins Gebäude geht, wie vielleicht sonst als Passagier.
Meist kennt er ja bis zu diesem Moment noch nichts Anderes als die Abfertigungshalle.
Im Briefingraum trifft man meist auch schon andere Kollegen, manchmal ein Lehrer-Schüler-Team, manchmal reine Spaßflieger, manchmal Businessflieger.
Es wird gefachsimpelt über Pläne, das Wetter und vieles mehr.
Eine neue Welt – vielleicht sogar neue zukünftige Freunde...
Die Frage nach dem Gewicht des Schülers wird ihn im ersten Moment vielleicht verwirren.
Mit einer kurzen und einfachen Erklärung wird auch das Thema „Mass & Balance“ behandelt. Vermeide es aber, bei der ersten Session schon zu sehr in alle Details zu gehen.
Die Überforderung ist schneller erreicht als man manchmal glaubt.
Erfahrungsgemäß wird der Schüler, je nach Persönlichkeitsstruktur viele Fragen stellen oder aber bevorzugt eher nur zuhören. Wenn wir alles beachtet haben, was ich im ersten Teil dieses Buches beschrieben habe, werden wir zu diesem Zeitpunkt auch schon ganz gut gefiltert haben, was passt. Irgendwann heißt es dann „Raus aus dem Terminal und los in Richtung Flugzeug!“
Als Lehrer kannst du hier bereits die ersten Fachbegriffe so „nebenher

erklären“ und der Schüler wird es nicht einmal richtig bemerken, dass er sich bereits mitten im Unterricht befindet. Besonders geschickt ist es, nicht nur die deutschen, sondern auch gleich die englischen Fachbegriffe einzuflechten.
So hat dein Schüler bereits vor dem Erreichen des Flugzeuges Begriffe, wie „Apron“, „Taxiway“ oder „Stopbars“ nicht nur gehört, sondern auch gleichzeitig bereits mit mehreren Sinnen wahrgenommen.
So nutzt du auch schon die Wegzeit, um deinem Schüler so ganz nebenbei praxisbezogen Wissen zu vermitteln.
Wenn wir Flieger über das Wetter reden, tun wir dies bekanntlich nicht um der Ratlosigkeit ob eines Gesprächsstoffs zu entrinnen. Der Fußweg lässt sich auch vortrefflich nutzen um kurz das „live“ zu zeigen, was aus dem Wetterbriefing gekommen ist.
Wie sieht das denn jetzt genau aus, was wir zuvor dort gelesen haben..!?

Der erste Außencheck

Auch wenn die begleitete Durchführung der Vorflugkontrolle durch den Schüler erst später auf dem Programm steht, bietet sich hier eine gute Gelegenheit, einen Ausblick auf zukünftige Sessions zu liefern.
Alleine dadurch, dass man als Lehrer alles was man tut mitspricht, kann man jede Menge Information für den Schüler *bereitstellen.*
Ich verwende das Wort *„bereitstellen“* ganz bewusst, da ich hier noch versuche, beim Schüler keinen „Overload“ zu erzeugen. Gerade die erste Session bringt einen derart hohen Input an Eindrücken und an neuer Information, das kaum alles gleich in vollem Umfang zu verarbeiten ist.
Der Schüler nimmt von der *bereitgestellten* Information das auf, was er imstande ist zu verarbeiten oder was ihn ganz besonders interessiert. Aufgrund von möglicherweise gestellten Fragen kann man natürlich immer ergänzend weiter ins Detail gehen.

Der Lehrer ist ein Vorbild!
Was der Lehrer *vorLEBT* wird als richtig und gut übernommen!

Zum ersten Mal im Cockpit

Wir gehen hier einmal davon aus, dass wir es NICHT mit jemanden zu tun haben, der sich bereits viele Vorkenntnisse erworben hat. Vorkenntnisse können auf unterschiedlichste Weise angeeignet worden sein. Fachliteratur, PC- Flugsimulationen, u.Ä.
Letzten Endes müssen wir uns immer auch vergewissern, dass dieses evtl. vorhandene „Fachwissen" auch tatsächlich diesen Namen verdient.
Denn gerade in der Simulatorszene ist sehr oft viel Halbwissen verbreitet, dass wir bei dieser Gelegenheit unbedingt auch filtern und ggf. korrigieren müssen.
Auf jeden Fall müssen wir aber auch hier darauf achten, unseren Input richtig zu dimensionieren. In jedem einzelnen von uns gesprochenen Satz ist sehr viel Fachinhalt verpackt, der uns selbst meist gar nicht mehr bewusst ist. Der Schüler braucht auch noch Ressourcen für den Rest der geplanten Session-Zeit.
Mein Grundsatz in dieser Phase lautet: Zwar alles erwähnen, aber nicht zu sehr ins Detail gehen.

Ausnahme, wie immer: Der Schüler fragt konkret nach.

Wir haben im Laufe der Ausbildung noch genug Zeit auch alle Details durchzugehen. Wenn wir uns die aktuellen Ausbildungsprogramme als Grundlage heranziehen, ist das dort auch meist sehr gut abgebildet.

Nimm dir gerade für die ersten Sessions besonders viel Zeit *rund um den eigentlichen Flug* – es gibt einfach viel zu erklären!
Achte unbedingt schon vom ersten Flug an, auf eine korrekte und bequeme Pedaleinstellung

Es ist mir durchaus bewusst, dass nicht nur jede Flugschule, sondern auch jeder einzelne Fluglehrer seinen ganz persönlichen Stil und seine eigenen Methoden hat und wahrscheinlich nicht mit jedem meiner Ansätze Konform geht....

Das ist auch gut so!

Ich möchte unterschiedliche Denkanstöße für „alte Hasen" genauso zur Verfügung stellen, wie eine Sammlung von Tipps für neue Fluglehrer.

Checklisten

Selbstverständlich ist der Gebrauch der Checkliste von Beginn an, ein fester Bestandteil jedes Fluges.
Was in dieser ersten Phase nicht solide in den flugbetrieblichen Ablauf etabliert wird, ist später nur mehr sehr schwer in den Schüler „hinein zu bekommen".

Ich habe schon Checklisten in die Hand bekommen, wo ich den Eindruck hatte in der Concorde und nicht in einem Schulflugzeug zu sitzen.
Überfrachtete Checklisten bleiben in letzter Konsequenz irgendwann in der Ablage liegen und werden einfach nicht mehr verwendet.
Punkte wie: „Headset aufsetzen" haben dort genauso wenig zu suchen, wie aufwändige M+B Tabellen. Diese sollten längst bereits in der Flugvorbereitung erledigt worden sein.
Die Checkliste ist kein Flughandbuch und ersetzt dessen Kenntnis auch nicht.

Erarbeitet eure Checklisten auf solider Basis – nämlich als Auszug des Flughandbuches.

Meist sind dort ohnehin alle Checks konkret abgebildet.
Natürlich könnt ihr die zu verwendenden Checklisten an eure flugbetrieblichen Gegebenheiten anpassen, soweit diese dann nicht den Angaben des Flughandbuches widersprechen.

Erfülle die Checklisten mit Leben

Jeder einzelne Punkt hat einen konkreten Hintergrund.
Gehe sie Punkt für Punkt durch und erkläre dem Schüler auch die Hintergründe, warum ein bestimmter Punkt genau HIER und JETZT wichtig ist. Es geht oft um die richtige Reihenfolge, damit bestimmte Checks überhaupt einen Sinn ergeben. Manchmal ist auch eine Erklärung mit einem verständlichen technischen Background gefragt.
Hier sind auch die Lehrer gefordert sich grundlegend mit der Technik ihres Schulflugzeuges auseinanderzusetzen.
Auch flugbetriebliche Hintergründe können bestimmte Reihenfolgen erfordern. Diskutiert im Rahmen von Lehrermeetings auch einmal darüber.

- Gibt es neue Inputs oder Erfahrungen?
- Macht es Sinn einfach 2 Punkte zu vertauschen?
- Kann man einzelne Punkte einfach streichen?

Hier ist echtes Teamwork in der Lehrergruppe gefragt. Aber auch von Schülern sind schon sehr gute Vorschläge gekommen. Der frische Zugang bringt oft ganz neue Sichtweisen, wo man als Lehrer nicht zu stolz sein darf, auch einmal den Input eines Schülers aufzunehmen.

Ein Beispiel für sinnvolle Checklisten-Abläufe

anhand des Teiles „BEFORE ENGINE START“ einer Checkliste (DA20 – Katana)

Gleichzeitig sind dies auch Beispiele, wie wir unseren Schülern die Zusammenhänge im Hintergrund näherbringen können.

RUDDER PEDALS..................................ADJUSTED

danach

SEAT BELTS..FASTENED

Warum beginnen wir mit den Pedalen?
Wenn wir uns zuerst anschnallen und dann erst draufkommen, dass die Pedalposition nicht passt, kommen wir mit angelegten Gurten nicht mehr an die Pedalverstellung.

MASTER.SWITCH..ON

danach

CIRCUIT BREAKERS.......................CHECK - ALL IN

Warum prüfen wir nach dem Einschalten des “Master Switch” die Sicherungen?
Wenn eine der Sicherungen herausspringt, deutet dies frühzeitig auf ein Problem im elektrischen System hin, was ohne diesen Check u.U. vielleicht noch länger gar nicht auffallen würde.

CANOPY WARNING LIGHT........................CHECK - ON

Zeigt uns

Die Warnleuchte funktioniert

Die Haube ist NICHT geschlossen und verriegelt

Wir führen den nächsten Schritt durch…

CANOPY CLOSED ....WARNING LIGHT - OFF

Zeigt uns

Die Haube ist geschlossen und sauber verriegelt.

Die Canopy-Warnung mitsamt ihrer Tastkontakte funktioniert.

GENERATOR WARNING LIGHT............CHECK - ON

Zeigt uns

Die Generator Ausfallwarnung funktioniert.

Sie muss leuchten, weil der stehende Motor den Generator nicht antreibt und dieser dadurch logischerweise keinen Strom liefert. Das würde im Flug bedeuten, dass der Bordstrom von der Batterie kommt und nicht mehr vom Generator nachgeladen wird.

FUEL PRESSURE WARNING LIGHT...CHECK - ON

Zeigt uns

Es ist kein Kraftstoffdruck vorhanden.

Das Kontrollsystem mitsamt der Warnleuchte funktioniert.

Wenn der Motor nicht läuft, kann demzufolge auch die mechanische Pumpe keinen Kraftstoff fördern.

Die elektrische (Zusatz-)Pumpe ist nicht noch eingeschaltet.

FUEL PUMP...ON

danach

FUEL PRESSURE WARNING............CHECK - OFF

Zeigt uns

Die elektrische Pumpe fördert und ist imstande, den benötigten Kraftstoffdruck aufzubauen.

Das erste Rollen

Nachdem das Triebwerk unter Aufsicht und mit tatkräftiger Hilfe des Lehrers angelassen wurde, der „AFTER ENGINE START“ und ggf. der „BEFORE TAXI“ Check durchgeführt wurde, geht es ans erste Rollen. Gerade in der Schulung auf einem Flugzeugtyp mit einem nicht gesteuerten Bugrad kann dies für einen Schüler schon eine erste echte Herausforderung sein. Die Bedienung, speziell die richtige Dosierung der Lenkbremsen will ausgiebig geübt werden. Ich nenne diesen Vorgang gerne scherzhaft „Zielrollen“.

Um den Schüler aus diesem verzweifelten Kampf gegen das Gerät mental etwas herauszuholen erzähle ich auch gerne, dass er sich in bester Gesellschaft befindet und dass auch alle anderen Schüler zu Beginn genau dasselbe Problem haben.

Nicht einmal viele „alte Hasen“ schaffen das bei einer Einweisung auf einen entsprechenden Typ auf Anhieb, wenn sie bis dahin immer nur Flugzeuge mit gesteuertem Bugrad geflogen sind.

Der Schüler zweifelt gerade in der Anfangsphase sehr oft an sich selbst und seinen Fähigkeiten. Deshalb ist es für uns besonders wichtig, immer wieder diesen Denkstrudel der Verunsicherung zu unterbrechen.

Es gehört einfach zu unseren Aufgaben, nicht nur reine Fähigkeiten zu vermitteln, sondern auch eine mentale Unterstützung zu sein.

Wir haben es nun mit vereinten Kräften bis zum Holding Point geschafft. Hier können wir nochmals die Taxi-List zur Hand nehmen um nochmals zu prüfen, ob wir beim Rollen nichts vergessen haben.

Warum wir diese Liste erst jetzt zur Hand nehmen, behandeln wir im nächsten Kapitel.

Checklisten in der Ausbildung – Single Pilot

READ AND DO – DO AND CONFIRM

Wie wir wissen ist es im Single Pilot Flugzeug nicht immer gut möglich in jeder Situation in einer Hand eine Checkliste zu halten und mit zwei weiteren Händen das Luftfahrzeug in vollem Umfang zu bedienen.
Aus diesem Grund ist es zweckmäßig die Checks, bzw. die Checklisten in zwei grundlegende Kategorien zu unterteilen:

Die READ AND DO Liste

Wie der Name schon erahnen lässt, wird diese Punkt für Punkt - und auch in der richtigen Reihenfolge abgearbeitet.
Jeder Punkt wird gelesen und danach ausgeführt. Speziell für alle Abläufe, wo dies überhaupt möglich ist, wird dieses System angewendet.
Als Beispiele:

Preflight/Outside
Before engine start
After engine start
Engine run up
Before take off
Cruise power settings
Descend/approach
Shut down

Die DO AND CONFIRM Liste

Umfasst üblicherweise jene Punkte, die vom Handling im Single Pilot Cockpit als READ AND DO schwer umsetzbar sind.
Der Grundsatz *„first fly the aircraft"* widerspricht in manchen Situationen dem zeitgleichen, systematischen Checklisten Handling.
Als Beispiele:

Taxi
After take off
Final
After landing

Wie der Name schon sagt werden die Tätigkeiten im DO AND CONFIRM-System aus dem Gedächtnis heraus ausgeführt und erst danach anhand der Checkliste überprüft, ob kein Punkt vergessen wurde.
Ganz besonders im Platzrundentraining ist es kaum möglich, eine Checkliste in die Hand zu nehmen und zu lesen. Es empfiehlt sich, ein passendes Cockpit-Flow System zu nutzen – auch der Begriff „Muscle Memory Check“ wird dafür gerne verwendet. (Siehe Bild S. 119)

Hier nur ein Beispiel für den Querab-Check im Platzrundentraining auf der DA 20. Nach dem Prinzip des Flow-Line-Checks

1. CARBURATOR HEAT
2. MANIFOLD PRESSURE
3. PROP HIGH RPM
4. SPEED WHITE ARC
5. FUEL PUMP
6. LANDUNG LIGHT
7. FLAPS

Auf die Details gehen wir im Kapitel „Die Platzrunde“ weiter ein.
Ich möchte hier gerne auch noch ein Beispiel aus der „BEFORE TAKE OFF“ Liste bringen.

TRANSPONDER... ALT

Diesen Punkt haben wir in unserer Checkliste, noch bevor wir uns „ready for departure“ melden.

Dies bringt 2 große Vorteile:

In der Checkliste steht definitiv „ALT“ und nicht „ON“

Die Erfahrung hat gezeigt, dass bei Verwendung von „ON“ sehr häufig der Transponder auch tatsächlich auf „ON“ geschaltet wird und nicht auf „ALT“.
Unser Gehirn arbeitet hier einfach mit einer Wort-Wort-Verknüpfung, d.h. Liste mit „ON“ bedeutet Schalter auf „ON“. Und genau so passiert es dann auch.
Logischerweise kommt bald nach dem Abflug die Bitte von ATC, den Transponder richtig zu schalten.
Seit der Änderung auf „ALT“ in der Liste ist dies kaum mehr vorgekommen.

Der zweite Punkt:

Es würde im Prinzip ausreichen, wenn wir den Transponder erst auf der Piste einschalten würden. Die Aufnahme dieses Punktes in den „BEFORE TAKE OFF“ Check hat aber den Vorteil, dass man beim eigentlichen Start einen Punkt weniger zu beachten hat.

Der allererste Start

Wenn wir auf der Piste stehen und die Takeoff Power setzen, gilt es rechtzeitig den Schüler auf das übliche Wegdrehen der Nase während des Beschleunigungsvorganges hinzuweisen. Besonders kontraproduktiv ist es natürlich, wenn die versuchte Richtungskorrektur dann so ausfällt, dass der Schüler nicht nur mit dem Seitenruder in die entsprechende Richtung korrigiert, sondern auch gleichzeitig auf die Fußspitzenbremse tritt.
Bremsen beim Beschleunigen ist nicht wirklich sinnvoll.
Es kann außerdem eine, vielleicht ohnehin schon nicht allzu lange, verfügbare Startstrecke noch knapper werden lassen.
Eine sinnvolle Methode bei sehr kurzen Pisten könnte auch sein, den Schüler bei diesem allerersten Start zu bitten, die Füße nicht auf den Pedalen zu halten.
Auf einem großen Platz wird sich dies nicht wirklich drastisch auswirken.
Da kann man mit verschwendeter Piste auch einmal etwas großzügiger umgehen – zumindest ganz zu Beginn der Ausbildung.
Der Flugschüler kann auch bei diesem ersten Flug schon von Beginn an das Steuern übernehmen. Der Lehrer ist natürlich gefordert, die Abweichungen in solchem Rahmen zu halten, dass jederzeit eine ausreichende Sicherheitsreserve für ein etwaiges Eingreifen erhalten bleibt. Hier ist wieder eine gute Gelegenheit, die Herangehensweise des Schülers und auch dessen Reaktionen auf das Flugzeug und das gesprochene Wort des Lehrers zu beobachten. Vorgaben wie das Steuern in eine bestimmte Richtung oder (unter guter Anleitung) das Einhalten der Steigfluggeschwindigkeit funktionieren oft schon überraschend gut – natürlich abhängig vom Schülertypus.

Worauf man beim Startvorgang in dieser Phase schon besonders achten sollte:

Beim Setzen der Leistung
Check – Manifold Pressure & Propellerdrehzahl stimmen
Beim Beschleunigen
Check - Fahrtmesser beginnt sich zu bewegen
Quer-/Höhensteuerung nicht mit beiden Händen krampfhaft festhalten. Steuer nicht „einmauern“
Eine Hand bleibt in der Startphase am Gas

Gerade beim ersten Flug beobachte ich sehr genau, oft auch nur aus dem Augenwinkel, alle Reaktionen des Schülers, um mir ein erstes Bild von seiner Persönlichkeit machen zu können. Davon hängen viele meiner Entscheidungen zu den nächsten Methoden ab.

Der erste „Reise“flug

Nach dem Verlassen des Flugplatzbereiches geht es jetzt daran die Reiseflughöhe zu erreichen und diese dann auch zu halten. Diese Höhe ist oft durch die An-und Abflugrouten des Flugplatzes definiert, ganz speziell natürlich an Verkehrsflughäfen.
Gleichzeitig sollte man auch das Halten einer definierten Richtung mit einbauen. Zu Beginn hat es sich gut bewährt, sich zu diesem Zweck einen Richtungspunkt am Horizont zu suchen und auf diesen zuzufliegen.
Mit der Interpretation eines Kompasses oder Gyros sind Schüler beim ersten Flug erfahrungsgemäß noch völlig überfordert.
Ein Powersetting zwischen 60 und 75% ist dafür gut geeignet. Dies sind auch für die meisten Kleinflugzeuge die gängigsten Einstellungen.
Weise deinen Schüler darauf hin, dass er sich das jetzige Horizontbild möglich gut einprägen soll.

Wenn diese erste Übung mit dem Halten einer Richtung und gleichzeitig dem Halten der Höhe funktioniert, ist es gleich an der Zeit mit der nächsten Stufe zu beginnen.

Die ersten Kurvenübungen

Aus dem stabilen Geradeausflug heraus den Schüler dann einfache, flache Kurven fliegen lassen. 10-15° Schräglage reichen fürs Erste völlig. Es sollte auch in diesen Kurven immer wieder auf das Horizontbild verwiesen werden. Auch der Unterschied dieses Bildes bei Rechts- oder Linkskurven ist wesentlich und das Auge muss ganz bewusst darauf trainiert werden. Auch diese Übung funktioniert in der ersten Session meist schon gut.
Die oftmalige Wiederholung lässt es dann immer sauberer werden.

Achte immer darauf, dass der Schüler die wesentlichen Parameter im Auge behält und bei Abweichungen korrigiert.

Höhe und Querlage konsequent halten
Horizontbild, Vario/Höhenmesser

Das Ziel ist: Der Schüler erkennt selbst und korrigiert selbst

Das Seitenruder – eine fremde Welt

Ich tätige diese Aussage nicht ganz ohne einen gewissen Zynismus.
So habe ich schon Fliegerkollegen erlebt, die nach dem Start die Füße von den Pedalen nahmen.
Die Antwort auf meine Frage nach dem Grund:
„Die brauche ich ja ohnehin nur am Boden"
Je nach Flugzeugtyp sieht dann entsprechend auch die Qualität der geflogenen Kurven aus.
Lasse deinen Schüler *niemals* das Seitenruder vergessen. Zum sauberen Fliegen gehören ALLE Ruder. Auch wenn es im Reiseflug nicht immer gleich essentiell ist – spätestens bei der ersten Seitenwindlandung rächt sich die Unfähigkeit, mit dem Seitenruder gut umgehen zu können.

Erste Übungen mit dem Seitenruder

Lass den Schüler stabil geradeaus fliegen. Aus diesem Flugzustand einfach langsam abwechselnd in die Seitenruderpedale treten um die Wirkung selbst und bewusst zu spüren. Danach wieder stabilisieren.
Mit folgender Übung kann man sehr gut die Auswirkungen des Wenderollmoments (Gierrollmoment) erarbeiten. Modellfliegern ist dies nicht ganz fremd – so haben doch fast alle schon einmal ein Modell mit reiner Höhe-Seite Steuerung besessen, welches sich trotz Fehlens des Querruders sauber fliegen ließ.

Aus dem stabilen Geradeausflug nur einen Seitenruder-, aber keinen Querruderausschlag geben. Das Flugzeug wird ganz sanft beginnen eine sehr runde Kurve mitsamt passender Querlage zu fliegen, obwohl das Querruder völlig neutral geblieben ist. Durch die Drehung um die Hochachse wird der Außenflügel beschleunigt und erzeugt mehr Auftrieb als der innere. Damit hat man auch gleich eine sehr schöne, greifbare

Demonstration zu diesem Thema aus dem Theoriefach *Aerodynamik.* Genau diese Art von Übungen sind es, die Theorie und Praxis so schön ineinanderfließen lassen.

Den Schüler alle diese Übungen in Ruhe selbst „erfliegen“ lassen.
Zurück Richtung Flugplatz

In allen mir, zur Zeit bekannten Ausbildungsprogrammen ist die Dauer für einzelne Ausbildungssessions limitiert. Als Beispiel hier ein Auszug aus dem PPL(A) Programm der AustroControl:

„Mit Ausnahme von Überlandflügen sollten die praktischen Übungen in Flügen von jeweils ca. 40 - 60 Minuten Dauer erfolgen. Dies beinhaltet nicht die Dauer der jedenfalls durchzuführenden Briefings und De-Briefings vor bzw. nach dem Flug.
Die Durchführung von mehr als 10 Platzrunden innerhalb eines Fluges ist nicht empfohlen.“

Die Aufnahmefähigkeit von Schülern ist begrenzt. Es hat sich daher auch gut bewährt, dass die Einheiten diese Länge am Stück nicht überschreiten. *(Siehe auch Kapitel „double slingshot“)*
Es sollte immer möglich bleiben, den Schüler mit einem Erfolgserlebnis aus jeder Schulungseinheit zu entlassen. Die Fähigkeit zum Erkennen der Leistungsgrenzen nimmt mit zunehmender Erfahrung als Lehrer natürlich zu. Gleichzeitig ist es auch systematisch erlernbar, die Signale zu erkennen, wann der „Sättigungspunkt“ herannaht.

So fliegen wir wieder Richtung Heimatflugplatz, hören ggf. das ATIS ab, der Schüler stellt gleich selbst den Höhenmesser auf das aktuelle QNH ein. Zur vordergründigen „Entspannung“ auch das Anflugblatt des Platzes

hervorholen und gleich ein Approach Briefing machen.
„Wir sind gecleared zum Einflug über… in einer Höhe von…, unser nächster Meldepunkt wird… sein…"
Während du das mit deinem Schüler machst, beobachte ihn aufmerksam.
Hält er trotz dieser „Ablenkung" schon die Richtung und die Höhe?
Falls ja – erwähne es lobend.
Falls nein – reicht ein kurzes „trotzdem auf Kurs und Höhe achten"
Er wird sich über ersteres besonders freuen und bei zweitem etwas Wichtiges zu beachten gelernt haben – nämlich „first fly the aircraft"

Zur Landung

Solltest du an deinem Schüler jetzt bereits deutliche Zeichen von Ermüdung erkennen können, nimm ihm möglichst viel, aber nicht alles aus der Hand. Natürlich wird der Schüler beim ersten Schulflug noch nicht wirklich landen können.
Er kann aber durchaus schon in der Vorbereitung in viele Prozesse aktiv eingebunden werden. Dinge, die zum Landing-Check gehören, eignen sich auch für Schüler, die am Ende dieser Session nicht mehr ganz so aufnahmefähig sind, sehr gut.
Zum Beispiel

Fuelpump on
Landing Light on
Carburator Heat
Flaps

Je fitter der Schüler noch ist, umso weiter kann man ihn auch noch alles selber fliegen lassen. Auf jeden Fall sollte, immer wenn der Lehrer die Kontrolle übernimmt, dies auch klar kommuniziert werden.
Standardisierter Weise tut man dies mit der Floskel *„my controls"* und

sollte auch immer mit *„your controls“* rückbestätigt werden.
Diese Art der Kommunikation hat ihre absolute Berechtigung.
Ich verwende diese Aussage *in dieser Phase* aber noch nicht so gerne.
Hier bevorzuge ich eher vorab die Erklärung:
„Du fliegst selber – ich helfe aber im Bedarfsfall mit“
Dies gibt dem Schüler bereits einen ersten Ausblick auf die späteren Sessions in der Phase B - dem Platzrundentraining.
Gleichzeitig vermeidet man, dass der Schüler sich überfordert fühlt (was in dieser Phase ja auch tatsächlich zutrifft).
Mit dem Erfolgserlebnis, vieles bereits selbst gemacht zu haben, bleibt ein gutes Gefühl der Sicherheit und des Gut-aufgehoben-seins erhalten.
Dies ist nicht zuletzt auch für die Arbeitsbasis zwischen Lehrer und Schüler äußerst wichtig.

Nach der Landung

Lass deinen Schüler hier auch bei der ersten Session bereits einige Punkte des „After Landing Checks“ durchführen.
Aber auch hier gilt „first fly the aircraft“ – auch wenn es hier richtigerweise eigentlich heißen müsste: „first taxi the aircraft“.
Auf dem Rückweg zum Apron ergibt sich wieder die Übung „Zielrollen“, die hier meistens schon um einiges besser funktioniert als beim Abflug.

Dieser gesamte Ablauf ist exemplarisch für eine allererste praktische Session zusammengestellt. Es gibt natürlich unzählige Varianten im Detail. Immerhin hängt auch viel von der jeweiligen Schüler-Persönlichkeit ab. Da sich logischerweise gerade beim ersten Flug Lehrer und Schüler fliegerisch noch nicht kennen, kann eine solche Struktur sehr hilfreich sein, um von Beginn an richtig und gut miteinander umgehen zu lernen. Gerade Fluglehreranwärtern sollte eine solche, bereits gut erprobte Struktur eine

Hilfestellung bieten.
Wir haben uns zu Beginn ausführlich mit vielen theoretischen Zusammenhängen, sowie Verhaltens- und Persönlichkeitsmustern beschäftigt. Wir haben gelernt, wie wir unser fliegerisches „Gegenüber“ einschätzen können und welche Techniken und Methoden wir zum Einsatz bringen können.
Wir haben schon eine erste Praxissession als kleinen Vorgeschmack für eine ganze Ausbildung begleitet.
Doch nun möchte ich mich endlich auch daran machen, meine ganz persönliche Sammlung an Methoden und Tipps in der Ausbildung vorzustellen.

PRAXISTIPPS UND SONSTIGES, NÜTZLICHES KNOW-HOW

Die Vorflugkontrolle

Motorcheck

Eine der wichtigsten Regeln: Lass dir Zeit!

Eile ist in der Fliegerei der Sicherheit nicht dienlich. Vermittle das auch unbedingt deinen Schülern. Gerade in Situationen, wo die Zeit drängt, wird man schlampig und übersieht so manches.

Ich mache einen Unterschied zwischen dem ersten Flug am Tag und allen weiteren, die danach folgen.
Ich beziehe mich dabei jetzt hauptsächlich auf jene Flugzeuge, die mit einem ROTAX-Motor ausgerüstet sind.
Beim ersten Flug öffnen wir nicht nur das kleine Öl-„Guckloch“, sondern wir nehmen den oberen Teil der Cowling ab.

Der Hauptgrund dafür besteht darin, dass einige Dinge, beim Rotax grundlegend anders aufgebaut sind als bei vielen anderen Motoren.
Der ROTAX hat eine Mischkühlung.
Das bedeutet, er hat flüssigkeitsgekühlte Zylinderköpfe und stauluftgekühlte Zylinderwände
Wesentlich für das Funktionieren der Flüssigkeitskühlung ist ein ausreichend gefülltes Verteilergefäß – nicht zu verwechseln mit dem Überlaufgefäß, welches durch den kleinen Checkdeckel sichtbar ist.

Das Verteilergefäß sitzt etwa in der Mitte des Motors, ist daher über den kleinen Kontrolldeckel bei vielen Flugzeugtypen gar nicht sichtbar.

[Rotax-Franz]

Dieses Verteilergefäß muss voll sein!
Achtung: Die Menge des Kühlmittels im Ausgleichsbehälter sagt nicht immer etwas über die Menge im Verteilergefäß aus.
Das Fehlen von Flüssigkeit im Ausgleichsgefäß kann (aber muss nicht!) ein

Indiz sein, dass es ein Problem mit dem Kühlmittel geben könnte.
Also besser gleich zumindest 1x am Tag überprüfen.

Viele stellen hier natürlich die berechtigte Frage: „Woher kommt diese Aussage?“
Erfahrung aus über 25 Jahren Wartungstätigkeit auf dieser Motorenserie.
Lasst eure Schüler so viel wie möglich selber machen und lasst euch von ihnen erzählen, was sie gerade tun und vor allem WARUM sie es tun.
Damit erhält man ein sehr gutes Bild darüber, inwieweit Zusammenhänge wirklich verstanden worden sind.

Je mehr du über dein Flugzeug weißt, umso leichter fällt es Dir im Problemfall einen Fehler einzugrenzen und ihn vielleicht dadurch auch beseitigen zu können.

Ölkontrolle

Ich möchte hier keine Abhandlung über die richtige Art und Weise einer Ölkontrolle verfassen.
Diese wird als bekannt vorausgesetzt – speziell beim Fluglehrer.
Aber es gibt doch einen, wie ich meine, sehr praktischen Tipp zu diesem Thema.
Legt den Ölverschluss dorthin wo ihr ihn auch sicher sehen könnt, falls ihr (oder euer Schüler) mal vergesst, ihn wieder draufzuschrauben.
Keine Angst – die Verschraubung ist meist so geformt, dass ihr nichts vollschmieren könnt.

Kraftstoffmenge

Elektrische Tankanzeigen sind praktisch und bequem. Aber sind sie auch 100% zuverlässig? Ich zumindest, traue ihnen nicht.
Es geht hier nicht um eine litergenaue Information, sondern eher darum ob das, was uns die Tankanzeige anzeigt, auch wirklich plausibel ist.
Diese Überprüfung ist mir besonders dann wichtig, wenn ich das Flugzeug nicht selbst betankt habe.
Das beste Tool hierfür ist immer noch ein simpler Holzstab mit entsprechenden Markierungen für die Füllmenge. Falls man keinen originalen Prüfstab vom Flugzeughersteller hat, ist dieser ganz leicht selbst anzufertigen.
Ein ganz normaler Rundstab aus dem Baumarkt reicht aus.
Um möglichst gute Werte zu haben, macht man die Kalibrierung idealerweise, wenn im Rahmen einer Wartung der Tank entleert wurde.
Dann 20 Liter tanken – Stab in den Tank – und beim aktuellen Stand eine Kerbe machen. Die nächsten 20 Liter – wieder eine Kerbe usw.
Es steht natürlich jedem frei, engere Kennzeichnungen zu machen – z.B. alle 10 Liter.
Für einen Plausibilitätscheck in Relation zur Tankanzeige reichen normalerweise die 20 Liter-Schritte gut aus.

Kraftstoff-Wassercheck

Im Normalfall wird man sehr selten Wasser oder Verschmutzungen im Kraftstoff finden.
Ein Kollege hatte einmal bei einem Zwischenstopp in einer Regennacht am nächsten Morgen beim Kraftstoffcheck insgesamt fast 0.5 Liter Wasser aus den Tank geholt. Er war mit einem Flugzeug mit Flächentanks unterwegs und die Tankdeckel waren offensichtlich nicht ganz dicht. So tropfte die ganze Nacht, begünstigt durch die Formgebung der Einfüllstutzen, das Regenwasser in die Flächentanks.
Hier möchte ich gleich einmal die erste altbekannte „Urban Legend" ins Spiel bringen.
Immer wieder hört man, dass man auf keinen Fall vor dem Kraftstoffcheck das Flugzeug bewegen darf, weil sich dann das Wasser gleich wieder im Tank verteilt. Dies ist unrichtig!

Ich habe hier gleich einen kleinen Praxistest für euch, um dies auch zu verifizieren.
Nehmt euer Kraftstoffprüfglas, füllt etwas Sprit hinein. Dann gebt eine kleine Menge Wasser dazu. Das Wasser wird sich sofort auf dem Grund des Glases sammeln. Dann haltet das Glas zu und schüttelt kräftig. 2-3 Sekunden nach dem Schütteln ist bereits Wasser und Sprit wieder sauber getrennt im Glas zu sehen. *(Siehe Skizze auf S.133)*
Wie müsstet ihr denn euer Flugzeug bewegen, dass dies irgendwelche Auswirkungen auf die Wasser-Sprit Vermischung hat?

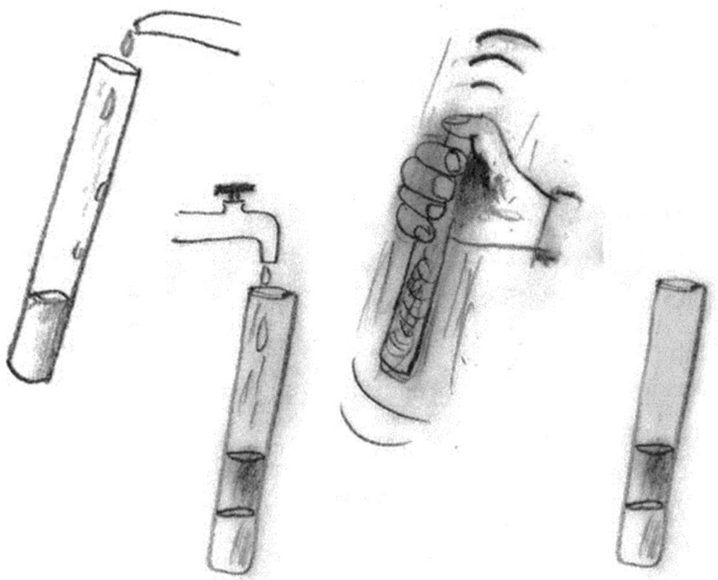

Vor dem Losrollen – ein Tipp vom Techniker

In der kalten Jahreszeit braucht es unter Umständen recht lange bis der Motor eine brauchbare Temperatur erreicht. Speziell die Öltemperatur ist dafür ein guter Anhaltspunkt.

Rollt nicht zu früh vom Apron zum Holding Point. Wenn ihr dort angekommen seid wird erwartet, dass ihr den Engine Run-up macht und dann relativ bald abflugbereit seid. Jetzt steht ihr aber dort und habt keine ausreichende Temperatur. Zwei Varianten habt ihr jetzt zur Verfügung – Mit zu geringer Temperatur den Motor mit der Takeoff Power quälen oder einen Taxiway ewig lange blockieren. Besser ist es auf jeden Fall sich am Apron erst dann zum Rollen zu melden, wenn die Öltemperatur zumindest schon in einem Bereich ist, dass man erwartungsgemäß in wenigen Minuten im grünen Bereich sein kann.

Am Rollhalt

Bei Engine Run-up Check möchte ich nur auf einige Punkte eigehen, die mir im Laufe der Zeit aufgefallen sind.

Constant speed Propeller

Der Check eines Constant-Speed Propellers hat, neben dem eigentlichen Funktionscheck den Sinn, etwaige Luftblasen die im hydraulischen Regelkreis des Systems sein könnten, zu entfernen. Das ist auch der Grund, warum dies mehr als nur einmal gemacht wird. Denn für die reine Funktion würde auch ein Durchgang ausreichen.
Übrigens – es reicht aus, wenn man einen Drehzahlabfall bemerkt – ihr müsst den Motor dabei nicht fast abwürgen.

Zündmagnetschalter

Es ist sinnvoll, den Check in folgender Reihenfolge zu machen:
BOTH – dann auf den Magnet schalten, der am Schalter weiter weg ist, wieder auf BOTH, dann auf den Magnet schalten der direkt neben BOTH ist, und wieder auf BOTH.
Berechtigte Frage - wozu?

Beim Beginn auf dem näher liegenden Magneten kann es leicht vorkommen, dass am Ende des Checks der Schalter nicht auf BOTH sondern nur auf einem Magnet steht, wenn man nicht genau darauf achtet. In der linken Version kann dies aufgrund der angewendeten Sequenz gar nicht passieren. *(Siehe Skizze S.134)*

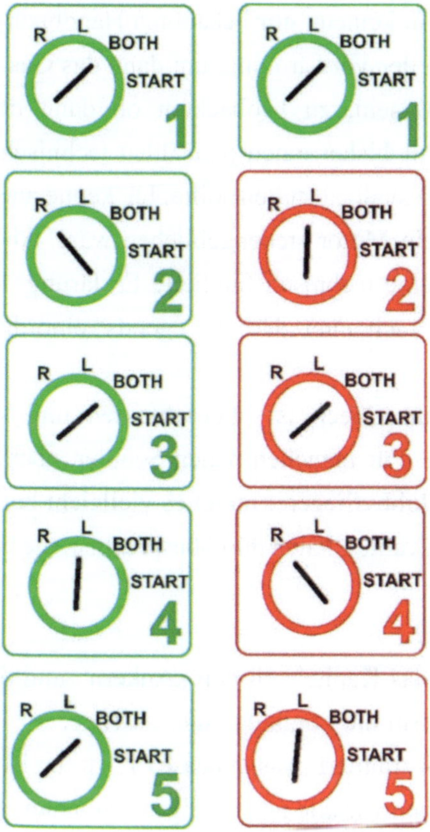

Die Vergaservorwärmung

Sinnvollerweise ist es in vielen Checklisten vorgesehen die Vergaservorwärmung bei einer deutlich niedrigeren Drehzahl zu prüfen als die Zündmagnete.

Warum?

Bei gezogener Vorwärmung wird die Ansaugluft NICHT durch den Luftfilter geführt. Das heißt, eventuell vorhandener aufgewirbelter Staub wird direkt und ungefiltert angesaugt. Dies ist bei geringerer Drehzahl etwas abgemildert, da natürlich weniger aufgewirbelt wird.

Was ich aber noch in keinem, mir bekannten Handbuch gefunden habe, ist das gezogen lassen der Vorwärmung, um dann das Gas auf Idle zu setzen. Der Zweck(?) soll sein, zu beobachten ob dann der Motor abstirbt. Niemand konnte mir bisher einen plausiblen technischen Grund nennen, warum der Motor deshalb abstellen sollte. Ich kenne auch niemanden, dem jemals deswegen ein Motor stehengeblieben wäre. Aber vielleicht hat ja jemand von euch eine technisch fundierte Erklärung. Deshalb würde ich dieses „Verfahren“ auch unter „Urban Legends“ einordnen.

Der Engine Run-up Check ist abgeschlossen und wir machen unser Departure Briefing. Für manchen neuen Schüler, aber auch für manchen Kollegen aus der Hobbyfliegerei mutet es vielleicht befremdlich an, wenn wir jedes Mal alle Eventualitäten durchbesprechen, die beim Start passieren könnten.

Warum tun wir das?

Wenn ihr euch an das Kapitel mit den „Ankern“ und den automatisierten Abläufen erinnert, tritt die Logik dahinter zu Tage.

Natürlich haben wir trainiert, was „in case of“ zu tun ist…

Natürlich beherrschen wir alle notwendigen Maßnahmen….

Aber die Tatsache, dass wir dies unmittelbar vor dem Start nochmals sprechend wiederholen, bewirkt ein deutlich schnelleres und systematischeres Reagieren, als wenn wir dies nicht tun würden.

Man könnte das System dahinter mit einem PC vergleichen.

Alle Daten, die benötigt werden um einen Notfall richtig abzuhandeln sind auf unserer „Festplatte“ gespeichert. Tatsache ist aber, dass der Zugriff, das Laden und Anwenden dieser Daten aus dem RAM wesentlich schneller gehen würde als von der Festplatte. Wenn wir die Abläufe unmittelbar vorher durchsprechen laden wir sie in unseren „Kopf-RAM“ und haben sie deutlich schneller parat.

Wir sparen somit wichtige Reaktionszeit. Und Zeit haben wir in Bodennähe

wenig.
Vergesst nicht, auch beim Departure Briefing festzulegen, wer dann im Notfall tatsächlich das Steuer übernimmt. Auch wenn es, speziell zu Beginn der Ausbildung logisch erscheint, dass dies der Lehrer sein wird. Es gehört trotzdem abgesprochen – Vergesst nie – Hier lernt der Schüler alle seine späteren Verhaltensweisen – von euch und mit euch!

Ein wichtiger Punkt ist auch jene Höhe und Position zu kennen, wo ein Umkehren zum Platz möglich ist und wo nicht. Bei diesem speziellen Thema setze ich ein eigenes Trainingsverfahren ein, wie man diese Höhe sinnvoll und gefahrlos ermittelt. Im Kapitel „Emergencies“ kommen wir dann darauf noch zurück.

Der Abflug

Am Anfang sind natürlich alle Abweichungen noch deutlich über dem geforderten Maß. Alle Werte bedürfen der Korrektur und es ist für den Schüler noch nicht so einfach, diese ständig im Auge zu behalten. Der Schüler ist jetzt mit dem Fliegen an sich noch so beschäftigt, dass er auch seine Umwelt nur sehr eingeschränkt wahrnehmen kann. Die gesamte Konzentrationsfähigkeit ist hauptsächlich noch damit gebunden, alle Parameter einigermaßen im Rahmen zu halten.
Natürlich muss der Lehrer den Schüler immer wieder fordern, ohne ihn zu überfordern – eine ständige Gratwanderung. Sobald eine Sache vom Schüler einigermaßen beherrscht wird, bekommt er vom Lehrer die nächste Aufgabe übertragen. Ein guter Lehrer lässt den Schüler zwischendurch immer wieder kleine Erfolgserlebnisse genießen, um ihm dann sofort

wieder eine nächste Aufgabe zu übertragen. *Vgl. „Double Slingshot".* So wandert im Laufe der Ausbildung eine Funktion nach der anderen vom rechten auf den linken Sitz.

Flugübungen

Wie schon in einem früheren Kapitel gestreift bedarf es speziell im Umgang mit dem Seitenruder viel Training, um ein möglichst hohes Maß an Automatisierung zu erreichen. Nur dann hat man wirklich die Fähigkeit sauber zu fliegen. Dabei möchte ich bei dieser Gelegenheit auch noch einen kleinen Sidestep anbringen. „Sauber" Fliegen – das ist speziell auf Flugzeugen mit schwacher Motorisierung ein wichtiges Thema.
Didaktisch finde ich die Schulung auf einem schwachen Flugzeug wesentlich effizienter als auf einem starken. Wenig Leistung erfordert zum Beispiel präzises Einhalten von Steigfluggeschwindigkeiten –ansonsten gibt es auch schon mal gar kein Steigen, besonders dann, wenn auch noch hohe Temperaturen hinzukommen.

Je sauberer geflogen, wird umso besser die Performance.

Wenn ihr eure Schüler durch die Ausbildung begleitet wird euch auffallen, dass zu Beginn die Steigleistung eher dürftig ist und auch die, im Flughandbuch angegebene Reisegeschwindigkeit, trotz richtigem Powersetting, bei weitem nicht erreicht wird.

Den Steigflug beenden

Hier möchte ich die Gelegenheit wieder einmal nutzen mit einer „Urban Legend" aufzuräumen.
Immer wieder hört man die Theorie, dass es Vorteile bringen sollte, wenn man vor dem Level-off die Zielhöhe um ca. 100ft übersteigt um dann dieses

Mehr an Höhe schneller in Fahrt umzusetzen.
Wer allerdings im Physikunterricht aufgepasst hat, wird den Widerspruch darin schon erkannt haben. Ich kann keine zusätzliche Energie aus einer Höhe gewinnen, die ich mir zuvor erst noch „erarbeiten“ muss. Zu diesem Thema gibt es neben dem theoretischen Wissen auch ein interessantes Video, wo dies in den USA mit 2 identischen Flugzeugen unter, auch sonst identischen Bedingungen in Formation erflogen wurde.
Das Ergebnis zeigt deutlich – es bringt einen Verlust an Energie und keinen Gewinn. Eigentlich logisch – oder?
Es werden euch auch alle ATC-Mitarbeiter dankbar sein, wenn ihr die zugewiesene Höhe *nicht* übersteigt um dann erst wieder zurück zu sinken.

Die Trimmung

Üblicherweise verfügen unsere gängigen Schulflugzeuge nur über eine Höhenrudertrimmung. Uns allen ist der Umgang und der richtige Ablauf des Trimmens natürlich sehr vertraut und – wie könnte es anders sein - automatisiert. Gerade das richtige Austrimmen des Flugzeuges wird daher in der Ausbildung oft etwas stiefmütterlich behandelt.
Wir fliegen das Flugzeug mit der Steuerung und nicht mit der Trimmung! Sie sollte wirklich nur dazu dienen, die verbleibenden Steuerkräfte zu beseitigen um einen stationären Flugzustand zu halten.
Der Ablauf:
Die Fluglage mit dem Stick/Steuerhorn einnehmen (z.B. Beenden des Steigfluges)
Das Powersetting wie gewünscht einstellen.
Mindestens 5 Sekunden warten, bis sich der neue Flugzustand stabilisiert hat.
Erst dann Trimmen - und zwar so lange, bis kein deutlicher Ruderinput mehr notwendig ist um die neue Fluglage zu halten.

Und zwar auch dann, wenn euer Flugzeug komfortabler weise über einen Autopiloten verfügt.
Ansonsten könnte folgendes passieren: Ihr deaktiviert den AP oder er schaltet sich durch größere Turbulenzen ab. Plötzlich steigt euer Flugzeug völlig überraschend weg oder taucht mit der Nase nach unten. Genauso wie es zuvor getrimmt – oder eben – *nicht* getrimmt war.

Seitenruder Koordinationsübungen

Wie wir wissen, sollten das Quer- und das Seitenruder *grundsätzlich* gleichzeitig und gleichsinnig eingesetzt werden. Hier liegt die Betonung auf „grundsätzlich". Oftmals ist es notwendig, die beiden Funktionen fast unabhängig voneinander zu steuern. Ein Extrembeispiel hierfür ist sicherlich das Slippen.
Unsere erste Übung um diese Unabhängigkeit zu trainieren, ist wie folgt aufgebaut.
Um die Längsachse Rollen mit genauem Halten der Flugrichtung

Wir beginnen mit einem stabilen Geradeausflug. Um die Richtung für die Übung zu definieren und diese auch leicht einhalten zu können, suchen wir uns einen markanten Richtungspunkt am Horizont.

Der Lehrer übernimmt die Steuerung mit „my controls“ und zeigt die Übung vor, um dem Schüler überhaupt ein Bild zu vermitteln, wie sie im Idealfall aussehen sollte.

Der Lehrer beginnt mit dem Querruder um die Längsachse zu rollen – es reichen dafür Querlagen um ca.10-15° aus. Er hält dabei die Richtung auf den Referenzpunkt mit dem Seitenruder. Dieser sollte immer in einem kleinen Bereich vor der Haube bleiben und nicht in irgendeine Richtung ausweichen. Dabei wird der Schüler gleich feststellen, dass hier nicht mehr vieles wirklich “gleichsinning“ zu steuern ist.

Vielmehr geht es darum, zu erkennen, wann man welches Ruder braucht um alle Parameter dort halten zu können, wo man das möchte.
Ihr werdet sehr bald feststellen, dass dies eine jener Übungen ist, die im Prinzip ganz einfach aussehen, aber doch recht anspruchsvoll sind.
So wird auch kaum ein Schüler beim ersten Mal imstande sein, diese Übung sauber zu fliegen.
Vielmehr ist meist bereits nach einigen Sekunden der Richtungspunkt verloren. Jetzt gehen wir daran, dem Schüler die Systematik der einzelnen Ruderinputs zu vermitteln.

Schritt 1:
Der Schüler übernimmt Quer- und Höhenruder und versucht möglichst rund, nur die gleichmäßige Rollbewegung auszuführen. Der Lehrer übernimmt das Seitenruder.
Schritt 2:
Der Lehrer übernimmt Quer- und Höhenruder und rollt damit weiter um die Längsachse. Der Schüler übernimmt nur die Seitenruderpedale und versucht damit die Richtung zu halten
Schritt 3:
Der Schüler übernimmt alle Funktionen selber

Auf diese Weise hat der Schüler die Möglichkeit den gesamten Ablauf in einzelne Teile zu „zerlegen“ und kann sich damit ein besseres Bewusstsein erarbeiten, welches Ruder in welchem Moment, welchen Input braucht.
Diese Übung sollte im Laufe der nächsten Sessions auch öfters wiederholt werden, um die Motorik zu festigen und zunehmend zu automatisieren.

Da sich jedes Flugzeug dabei etwas anders verhält, bewährt sich diese Übung auch immer bei Typen-Einweisungen.

Einleiten und Beenden von Kurven

Genau wie beim Einleiten von Kurven oder beim Halten des Flugzeuges im Steilkreis ist, abhängig vom Flugzeugtyp. auch beim Ausleiten die saubere Seitenruderarbeit gefragt.
Auch dazu gibt es eine gute Übung.

Wir fliegen eine koordinierte Kurve und richten das Flugzeug wieder zum Geradeausflug auf. Wenn das Ausleiten sauber durchgeführt wird, dreht das Flugzeug nicht nach, pendelt nicht und die Nase bleibt auch beim- und nach dem Stoppen in der Horizontlage für den stationären Geradeausflug.
Ihr werdet sehen, dass es gar nicht so viele (*auch fertige*) Piloten gibt, die dies auf Anhieb sauber und präzise fliegen. Diese Art von Schlampigkeit ist zumindest nicht gefährlich. Die Übung ist aber ein guter Index – z.B. bei einem Checkflug – wie gut jemand sein Gerät wirklich im Griff hat.

Slippen will geübt sein

Eine gute Methode um auch ohne Klappen viel Höhe ohne Fahrtzunahme abzubauen, ist der Slip.
Aber auch, um bei Seitenwind im Anflug und bei der Landung die Pistenrichtung halten zu können.

Hier finden wir auch im Detail Unterscheidungen:

Der „**Forward Slip**“, die Variante zum schnellen Höhenabbau.
Der Ablauf einer Slip-Übung gestaltet sich folgendermaßen.
Am besten ihr sucht euch einen gut sichtbaren Referenzpunkt am Boden.
Eingeleitet wird mit einem Querruderausschlag weg vom Referenzpunkt, am besten natürlich in Windrichtung. Sobald das Flugzeug sich zu drehen

beginnen will, folgt ein Seitenruderausschlag in die Gegenrichtung. Dieser Input sollte durchaus kräftig und beherzt erfolgen.
Unbedingt zu beachten ist das jeweilige Flughandbuch. Es gibt einige Typen, wo es mit voll ausgefahrenen Klappen nicht zulässig ist, zu slippen.
In dieser Fluglage wird die schräggestellte Rumpfseitenfläche zum Aufbau von Luftwiderstand genutzt. Damit können dann auch sehr große Sinkraten ohne große Fahrtzunahme erreicht werden. Diese Methode kann speziell bei Notlandungen gut genutzt werden, wenn z.B. kurz vor dem Notlandefeld noch Hindernisse überflogen werden müssen. Bei Flugzeugen ohne Landeklappen steht auch gar keine andere Möglichkeit zur Verfügung.
Erfahrungsgemäß kostet gerade diese Übung vielen Flugschülern anfangs große Überwindung. Gute Ergebnisse habe ich damit erzielt, diese Übung beim ersten Mal eher zurückhaltend zu beginnen und in jeder weiteren Session die Offset-Winkel immer weiter zu vergrößern.
Damit hat der Schüler Zeit, Vertrauen in diese zu Beginn doch sehr ungewöhnlich anmutende Fluglage, zu gewinnen.

Der „**Side Slip**" ist eine klassische Seitenwind-Technik im Landeanflug.
Hier wird der Luv-Flügel mit dem Querruder in den Wind gesenkt und mit dem Gegenseitenruder die Richtung zur Centerline gehalten.
Diese ist am ehesten für Hochdecker mit kleiner Spannweite geeignet.

Der Slowflight

Dies ist eine der wichtigsten Übungen, um das Flugzeug in einem Geschwindigkeitsbereich sicher zu beherrschen, der üblicherweise nur im Landeanflug notwendig ist. Gerade dort bewegt man sich aber mit wenig Höhenreserve über Grund. Daher sollten gerade diese Übungen wirklich gut sitzen und irgendwann keine Denkarbeit mehr erfordern.

Die erste Version üben wir ohne Klappen
also in Clean-Configuration.

Wir beginnen mit einem stabilen Horizontalflug. Weise Deinen Schüler jetzt *(wieder einmal)* darauf hin, das Horizontbild genau zu beachten.
Jetzt beginnt ihr die Leistung zu reduzieren. Dies sollte nicht zu abrupt geschehen. Lass dem Flugzeug Zeit, auf die Änderung zu reagieren und dem Schüler Zeit, die Reaktionen zu beobachten. Nachdem der Zug am Propeller nachlässt, will das Flugzeug die Nase senken, um seine zuvor ausgetrimmte Geschwindigkeit halten zu können. Dies gilt es jetzt mit entsprechender Korrektur am Höhenruder zu unterbinden. Man hindert damit die Nase daran, sich zu senken und zwar so lange, bis die gewünschte „Target Speed“ erreicht ist - bei der Katana würde sich dafür 70kt anbieten. Jetzt soll mit dem Höhenruder unsere Zielgeschwindigkeit gehalten werden mit der rechten Hand am Gashebel so gearbeitet werden, dass die Höhe genau konstant bleibt.

Horizontbild bei Reiseflugkonstellation – 90kt

Horizontbild bei Slowflight - 70kt – Flaps up

Wie man erkennen kann, ist die Nase bei Erreichen der Target Speed deutlich höher. Um den nötigen Auftrieb bei geringerer Fluggeschwindigkeit aufbringen zu können muss der Anstellwinkel höher sein.
Weise Deinen Schüler immer wieder deutlich auf diese optischen Informationen hin. Diese decken sich natürlich auch mit jenen des künstlichen Horizonts. Besonders im ersten Teil der Ausbildung bevorzuge ich es aber, Schüler immer wieder auf den „echten" Horizont zu referenzieren. Speziell eingefleischte Home-Simulator-Flieger muss man immer wieder nachdrücklich darauf hinweisen. Nicht zuletzt einer soliden Luftraumbeobachtung ist dies geschuldet und daher ständig zu trainieren.
Sobald dieser Flugzustand gut funktioniert und auch ohne Probleme gehalten wird, kann man damit beginnen, in der aktuellen Konfiguration Kurven zu fliegen und auf angesagten Headings aufzurichten. Zur Übung jetzt einige Kurven und Geradeausflüge abwechseln.

Die erste Steigerung
Klappen auf 10° - *also in Takeoff-Position*

Jetzt die Flaps auf 10° ausfahren. Dabei gleich drauf achten, dass der Schüler die Höhe hält. Dies kann er nur erreichen, wenn er sofort nach dem Setzen der Klappen die Nase nachdrückt. Die Klappen erzeugen jetzt zusätzlichen Auftrieb. Deshalb muss die Nase jetzt wieder gesenkt werden - möglichst gleich in jenem Moment, wo sonst das Wegsteigen einsetzen würde.
Das Horizontbild entspricht in dieser Konstellation am ehesten jenem des Reisefluges. Es wird allerdings deutlich weniger Leistung gebraucht um die Geschwindigkeit zu halten. Deshalb muss auch diese gleich angepasst werden.

Nach kurzem Eingewöhnen in den neuen Zustand wieder Kurvenübungen fliegen.

Die dritte Stufe
Klappen voll ausgefahren - *also in Landing-Position*

Durch den *Ballooning*-Effekt wird die Nase jetzt noch deutlicher als zuvor nach oben drängen und es wird zeitgleich auch ein deutlich spürbares Bremsen einsetzen. Dieses Verlangsamen nutzen wir gleich, um unsere neue Target Speed zu erreichen und dann gleich wieder zu halten, z.B. 65kt (Katana). Jetzt haben wir nicht nur mehr Auftrieb durch den größeren Klappenwinkel, sondern auch spürbar mehr Widerstand. Diesen müssen wir üblicherweise gleich mit mehr Leistung kompensieren, um unsere Geschwindigkeit im Horizontalflug halten zu können. Dieses Balancespiel ist bereits eine Vorübung für das Handling in der Landeeinteilung. Denn was wir dort tun ist prinzipiell das Gleiche. Der Unterschied besteht lediglich darin, dass wir jetzt eine konstante Höhe halten und nicht einen Gleitpfad.

Die letzte Challenge
Klappen wieder einfahren

Wir fahren nun die Klappen stufenweise wieder ein und versuchen dabei alle vorgegebenen Parameter konstant zu halten. Wieder einmal eine simpel klingende, aber durchaus anspruchsvolle Übung. Auch hier wird nicht alles auf Anhieb gelingen. Wir haben aber in der Phase „Flugübungen“ noch genug Gelegenheit, diese Übung mit dem Schüler zu wiederholen;
bis hin zur „verschärften“ Version – Klappen von Full auf 0° zu fahren und auch dabei alles unter Kontrolle behalten.
Je besser ein Schüler diese Übungen beherrscht, umso mehr zusätzliche

Herausforderungen kann man ihm auch auferlegen. Unterschiedliche Kurse, Schräglagen, Steigen, Sinken, usw.
Wie bei allem: Fordern aber nicht überfordern, zumindest noch nicht in dieser Phase.

Wir können diese Slowflight-Übungen auch jetzt schon in zwei mögliche Zugangs-Varianten verpacken.

Version 1 – Speed by pitch – altitude by power
Wir stellen die gewünschte Fahrt mit dem Anstellwinkel ein und halten sie auch damit ein. Mit dem entsprechenden Powersetting halten wir die Höhe.

Version 2 – Speed by power – altitude by pitch
Wir halten die Geschwindigkeit mit der Motorleistung und die Höhe mit dem Höhenruder

Jede dieser Methoden hat ihre eigene Berechtigung, Vorteile und Nachteile und auch ihren spezifischen Einsatzzweck. Wir kommen auf dieses Thema später nochmal beim Thema Anflug/Landung zurück.

Auch hier gilt es den Schüler immer gezielt zu beobachten. Es wird zu Beginn fast jeder Übung alles etwas chaotisch wirken, speziell bis sich das Gefühl für die unterschiedlichen Flugzustände einstellt und auch die Instrumente zur Kontrolle sinnvoll eingesetzt werden können. Immer erst dann, wenn sich eine Übung stabilisiert hat, sollten wir einen Schritt weitergehen.

Aus einem andauernden Zustand der Überforderung lässt sich kein sinnvolles Lernen generieren – aus Unterforderung aber auch nicht.

Genauso wie wir unsere Schüler darauf trainieren das Flugzeug zu beobachten, sollten auch wir uns darin üben, den Schüler zu beobachten.

Steilkreise

Steep Turns zählen häufig zu jenen Übungen, die den Schülern zu Beginn etwas Überwindung kosten. Es ist immerhin die erste ungewöhnliche Fluglage mit der sie konfrontiert werden. Von Steilkurven spricht man dann, wenn die Querlage 30° überschreitet. Im aktuellen Prüfungsprogramm sind 360° Kurven mit 45° Querlage gefordert, wobei dabei die Flughöhe gehalten werden muss.

Die beste Hilfe leistet dabei ein gut trainierter Blick auf das Horizontbild. Die außermittige Sitzposition bedingt ein solides Training in der genauen Beobachtung dieses Bildes, speziell was den Unterschied zwischen Rechts- und Linkskurven betrifft. Jeder Flugzeugtyp hat natürlich seine ganz eigenen Horizontbilder. Hier können die Unterschiede recht groß sein.

Vgl. C150/172 vs. Katana/Dimona

Einen kinästhetischen Index für die Richtigkeit der Ausführung liefert auch unser „Hosenbodengefühl".

Wenn wir keine G-Kräfte in dieser Kurve verspüren kann sie nicht richtig geflogen sein.

Denn – Bei 45° Bank und gleichbleibender Höhe müssen wir etwa 1,4g spüren. Tun wir das nicht, passt auch die Kurve nicht. Der am häufigsten auftretende Fehler ist ein Sinken während der Übung, durch zu wenig Ziehen am Höhenruder – damit sinken auch die g-Kräfte.

Hier ist dem Schüler auch das Vorfliegen der Übung durch den Lehrer eine solide Hilfestellung. Währenddessen kann er sich ausschließlich auf das Horizontbild konzentrieren, um sich dieses bestmöglich einzuprägen. Am besten einen Kreis vorfliegen, wieder aufrichten > „your controls" und nachfliegen lassen. 1-2 Mal wiederholen, schon werdet ihr den Fortschritt feststellen können. Dann fliegt ihr das gleiche Manöver noch in die andere Richtung. Hier werdet ihr auch feststellen, dass sich die vorangegangenen Seitenruderübungen bezahlt machen. Wirklich saubere Steilkreise lassen sich ohne Input um die Hochachse nicht fliegen. Meist reicht es dann für diese Session ohnehin schon. Nicht alle Schüler sind von Beginn an sehr „magenstabil", so dass man es hiermit nicht übertreiben sollte. Ansonsten wird der Rest der Stunde eher „lernbefreit".

Stallübungen

Stall, Vermeiden von Trudeln und das eigentliche *Trudeln* sind Begriffe, die es erstmal zu definieren und auseinanderzuhalten gilt.

Dazu möchte ich mit dem *echten* Trudeln beginnen. Trudeln ist eine Kunstflugfigur. Es handelt sich dabei um einen Flugzustand der nicht zufällig passiert, sondern den man mit all unseren gängigen Schulflugzeugen bewusst herbeiführen und auch aufrechterhalten muss. Man „gerät nicht ins Trudeln" wie man hin und wieder in Zeitungen nach Flugunfällen lesen muss. Trudeln und das dazugehörige Ausleiten kann zwar lehrreich sein, ist aber im Programm für die Grundausbildung PPL/LAPL nicht vorgesehen. Sehr wohl gibt es aber den Punkt „Vermeiden von Trudeln" in Kombination mit den unterschiedlichen Stallübungen. Das ist etwas völlig Anderes.

Hier üben wir drei Arten – den *„Power on"*, *„Low power"* und den *„Power off"* Stall.

Der *Power on Stall* geht von folgendem Szenario aus:
Dieses simuliert am ehesten einen Flugzustand kurz nach dem Start. Wir befinden uns in einem Steigflug, möglicherweise auch in einer

Steigflugkurve und überziehen dabei das Flugzeug bis zum Strömungsabriss. Es geht jetzt darum die richtigen Reaktionen und Abläufe zu trainieren und zu automatisieren, um das Flugzeug so schnell wie möglich wieder in einen sauber kontrollierbaren Flugzustand zu bringen.
Ich begnüge mich bei dieser Übung allerdings nicht bereits beim ersten Ertönen der Stallwarnung zu recovern, sondern lasse des Schüler so lange weiter am Höhenruder ziehen, bis die Strömung, wirklich spürbar, abzureißen beginnt. Dann erst wird nach dem allgemein bekannten Standardsystem recovert - Nase runter, Gegenseitenruder, Fahrt beachten und besonnen (nicht anreißen) ziehen, optimale Leistung zum Steigen setzen und wieder auf die Ausgangshöhe zurücksteigen.

Der L*ow* p*ower Stall* geht von folgendem Szenario aus:
Dies ist eine typische Situation, wie sie oft bei Gastflügen vorkommt. Es soll möglichst langsam geflogen werden um, z.B. etwas fotografieren zu können.
Wir befinden uns in einem Slowflight mit geringer Leistung (unteres Ende Green Arc), leiten in dieser Situation auch noch eine etwas steilere Kurve ein (=höhere Stallspeed),und versuchen aber dabei, die Höhe durch Ziehen am Höhenruder zu halten. Der Stall wird dabei nicht lange auf sich warten lassen. Recovern nach demselben System wie beim Power on Stall.

Der P*ower off Stall* geht von folgendem Szenario aus:
Wir befinden uns im Anflug auf ein Notlandefeld mit Idle-Power (wann fliegen wir auch sonst so?). Hier regeln wir unseren Energiehaushalt ausschließlich über das Höhenruder. Wir überziehen in dieser Übung jetzt ebenfalls wieder absichtlich das Flugzeug. Idealerweise auch in Kombination mit einer Kurve, weil Stalls in der Praxis ebendort am ehesten auftreten können.
Anm.: Bei dieser Übung auf die Vergaservorwärmung nicht vergessen!

Was alle diese Übungen gemeinsam haben, ist der einzige und ultimative Überlebensreflex – NASE RUNTER!

Anm.: Der Unfallbericht vom Flug Airfrance 447 (Rio de Janeiro-Paris) ist gerade zu diesem Thema besonders lesenswert.

Ihr werdet erleben welche Überwindung es vielen Schülern kostet, bei bereits ertönender Stallwarnung noch weiter am Höhenruder zu ziehen, was ja durchaus das richtige Verhalten wäre.

Mir ist es aber persönlich wichtig, dass jeder die Erfahrung auch selbst macht, wie es sich dann tatsächlich anfühlt, wenn die Aerodynamik am Ende ist.

Dass wir für diese Übungen eine sichere Flughöhe auswählen, setze ich als selbstverständlich voraus.

Nun hätten wir die wichtigsten Übungen zum grundsätzlichen Beherrschen des Flugzeuges erfolgreich absolviert.
Der Schüler kann steigen und sinken, Kurse und Höhen halten, saubere Steilkreise fliegen, sich aus kritischen Fluglagen retten und sogar schon ein wenig slippen.

Der Progress Check A mit einem zweiten Lehrer soll durch das Vier-Augen-Prinzip nochmals sicherstellen, dass wirklich alle Lernziele dieser ersten Phase erreicht wurden.
Hier sind die ersten Eindrücke des Fliegens verdaut, der Schüler arbeitet schon sehr bewusst mit dem Flugzeug und hat nun Ressourcen, um in die nächste Stufe seiner Ausbildung zu treten.
Es folgt nun eine der intensivsten und auch anstrengendsten Teile einer Flugausbildung.

Die Platzrunde

Alles was bisher geübt wurde bildet die Basis für das nun beginnende Platzrundentraining.
Natürlich sind alle Teile der Ausbildung wichtig. Aber gerade das Training für Starts und Landungen ist ein ganz besonderer Teil davon.
Damit sich der Schüler wirklich komplett auf seine fliegerischen Aufgaben konzentrieren kann, ist es zu Beginn dieses Parts sinnvoll, wenn der Lehrer den Funkverkehr mit der Kontrollstelle übernimmt. An kleinen, unkontrollierten Flugplätzen ist dies etwas unkritischer als auf einem Verkehrsflughafen, wo ich meine Schulungstätigkeit ausübe.
Wie si vieles in der Welt hat auch das zwei Seiten. Der Kontakt mit ATC wird zwar am Anfang von den Schülern eher als Stress empfunden, andererseits gehört das von Anfang an zum „täglichen Brot" und mit der Zeit lernt man es auch sehr schätzen, dass auch am Radarschirm gut auf uns aufgepasst wird. Dass man vom ersten Flug an neben Kleinflugzeugen auch zwischen Passagierflugzeugen, Hubschraubern und evtl. sogar Militärflugzeugen unterwegs ist, nimmt der Schüler irgendwann gar nicht mehr so bewusst wahr.
Ein kleiner Platz hat dafür den Vorteil, dass alles etwas lockerer abläuft und man auch auf die geordnete Funkphraseologie nicht so sehr achten muss, weil der Schüler üblicherweise sowieso nur seinen Fluglehrer am Funk hat. Auf kleinen Plätzen ist man in Sachen Luftraumbeobachtung allerdings ausschließlich auf sich selbst gestellt. Beides hat seine Herausforderungen und beides gehört zum Fliegen.
Aufgrund dieser Umstände ist das jeweils andere dann für den Schüler eine Herausforderung. Für den Kleinplatz-Flieger grenzt es ein wenig an ein Abenteuer, wenn er das erste Mal zu einem Verkehrsflughafen fliegt. Umgekehrt sind Schüler der großen Plätze oft schon etwas gestresst, wenn sie eine richtig kleine Piste vor sich haben und sonst 3Km Länge und 50m

Breite gewohnt sind.

Mit den jeweiligen Gegebenheiten rollen wir nun mit unserem Schüler zur ersten Platzrundensession. Der Abflug, die Flugübungen abseits des Flugplatzes und die Rückkehr mitsamt einer Landung sind ja bereist vertraut. Der Schüler ja dabei auch schon einiges selbst gemacht und bereits etwas an Übung daraus generieren können.

Zum sauberen Fliegen in der Platzrunde reicht dies allerdings noch nicht. Selbst wenn alle Abläufe schon einigermaßen funktionieren und das Timing schon etwas komprimierter wird. Nach dem Start erreichen wir die Schulplatzrundenhöhe.

An unserem Heimatflughafen ist dies 2000ft MSL –also etwa 900ft AGL.

Um dem Schüler die neuen optischen Eindrücke besser vermitteln zu können und auch etwas Druck herauszunehmen beginne ich meist mit einem oder zwei Low-Approaches und nicht gleich mit Touch and Go. Das ist eine gute Gelegenheit, die Verfahren und die Checks in der Platzrunde durchzuspielen, ohne den Druck, gleich landen zu müssen.

Als Lehrer ist es immer äußerst wichtig sich schnellstmöglich ein Bild über die möglicherweise bereits unbewusst vorhandenen Fähigkeiten des Schülers zu machen. Es gibt immer wieder die Situation, dass Schüler etwas intuitiv richtig machen, ohne wirklich genau zu wissen warum. Darüber kann man sich natürlich auch freuen, aber nur dann, wenn man es wahrnimmt. *Da ist es wieder – das Beobachten!*

Es zeigt sich immer wieder, dass auch die Platzrunde recht gut und schnell erlernbar ist; zumindest bis in den Endanflugteil und die Landung selbst. Doch genau darum geht es letzten Endes: Um die sichere Landung.

Eine gute Landung beginnt schon in der letzten Minute davor

Der Anflug

Auch hier gibt es viele Ansätze und jeder dieser Ansätze ist richtig – wenn er zu einer guten Landung führt.

Der eine schwört darauf, dass man genau 30 Sekunden ab der Querab-Position geradeaus fliegen muss und dann erst in den Queranflug dreht, der nächste orientiert sich ausschließlich nach Landmarks und vermittelt dies auch dem Schüler so – „genau bei der Autobahn die Leistung reduzieren, dann beim Supermarktparkplatz eindrehen…“ usw.

Ich bin der Meinung, dass beide Versionen möglich und auch im passenden Fall richtig sind, es aber ein grober Unfug ist, diese als einzige Wahrheit zu vermitteln.

Wenn wir einen Schüler auf die „einzig wahre“ Methode einschwören nehmen wir ihm jegliche Möglichkeit flexibel zu bleiben und situationsbedingt den Weg zu wählen der jetzt genau angebracht und sinnvoll ist.

Die „einzig richtige Methode“ gibt es nicht

Lasst mich Euch auch dazu ein kleines Beispiel bringen.

Der erste Schüler kommt an einen kleinen Alpenflugplatz mitten in den Bergen.

Wenn er jetzt dort genauso fliegt, wie er es als *einzig richtige Methode* gelernt hat, ist möglicherweise nach seinen 30 Sekunden Gegenanflug der Berg bereits im Weg.

Er hat aber nur diese Methode kennengelernt...

Der zweite Schüler hat plötzlich eine andere Windrichtung am Platz. Die Pistenrichtung wird umgedreht. Wo er jetzt anfliegen muss ist keine Autobahn und auch kein Supermarktparkplatz.

Er hat aber nur diese Methode kennengelernt...

Was haben alle Flugplätze gemeinsam?
Eine Piste!
Und das ist das einzige was in dieser Ausbildungsphase zählt.
Keine Sekunden, keine Landmarks und keine Starrheit im Denken!

Die besten Informationen für unseren Anflug liefert uns die Piste selbst. Genauer gesagt, die Winkel die wir sehen können. Die Linien und sich verändernden Kanten liefern uns alle Informationen, die wir für einen sauberen Anflug benötigen. Sogar in der Nacht, wo wir nur Runway Edge Lights, Centerline Lights und evtl. PAPI/VASI zur Verfügung haben, reicht uns das. Es geht wieder einmal ums gezielte Beobachten, das der Schüler sich erst langsam erarbeiten muss. Weist ihn immer wieder darauf hin, dass er sich ganz bewusst auf diese Kanten fokussieren soll. Diese Blicktechnik muss man gezielt trainieren. Selbst im Flare-out reichen alleine die Winkel, um die Höhe über der Piste abschätzen zu können.
Sehr oft kann man beobachten, dass Schüler kurz vor dem Aufsetzen einen langen Hals bekommen um auf die Piste unmittelbar vor sich zu schauen. Daraus kann man aber aufgrund der Bewegung über dieser seine Höhe gar nicht gut schätzen. Der Blick wandert beim Flare-out mit der Flugzeuglängsachse mit ans Pistenende und fällt nicht vorne auf den Boden.
Um das Ganze jetzt etwas greifbarer und auch für einen Schüler besser verständlich zu machen, zeichne ich gerne beim Briefing und Debriefing auf, was ich genau damit meine.
Das erste was ich mit Schülern im Anflug trainiere ist, sauber auf der Verlängerung der Centerline anzufliegen.

Wie erkenne ich, ob ich auf der Centerline bin?

Auf den nächsten Seiten verwende ich jetzt ganz bewusst einige meiner schnellen Erklär-Handskizzen. Nicht zuletzt um zu zeigen, wie einfach diese Vermittlungstechnik ist. Das kann man sogar im Flugzeug auf das Kniebrett zeichnen. Durch die zeitliche Nähe und Unmittelbarkeit, ist dies eine sehr gut funktionierende Methode, um die Zusammenhänge nicht nur zu vermitteln sondern wirklich auch zu festigen.

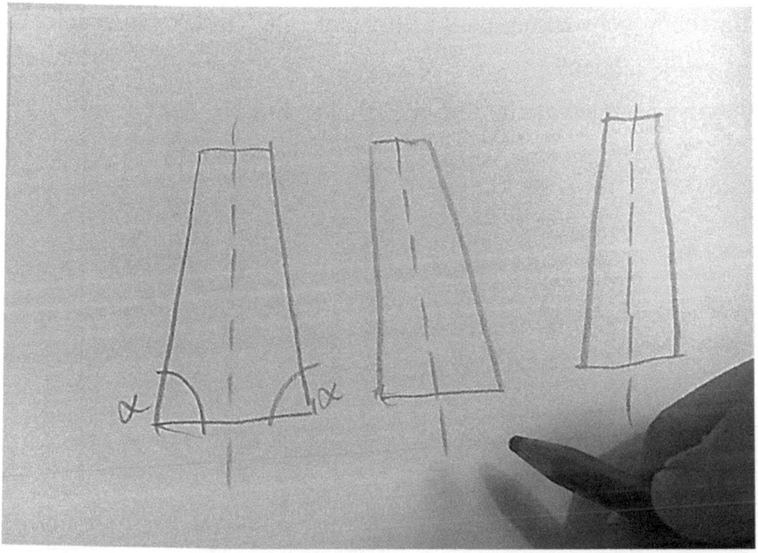

Die Piste muss als gleichschenkeliges Trapez vor mir liegen, nur dann bin ich in der Mitte. Genau auf diese Winkel muss sich der Schüler bewusst konzentrieren. Sobald asymmetrische Winkel zu erkennen sind, wird er sehr schnell wahrnehmen lernen, ob er zu weit links oder rechts ist. Diese Skizze kannst du im Flugzeug sitzend auf dein Kniebrett zeichnen.

Sehr oft bereitet auch die richtige Flucht der Blickachsen Probleme.
Die meisten Schüler neigen instinktiv dazu, die eigene Flugzeugnase in diese Flucht mit einzubauen. Aber wir sitzen nicht in der Mitte und damit auch nicht in der Symmetrieachse. So halten sie die Nase im Endanflug viel zu weit links. Dies geschieht unbewusst und ist besonders ausgeprägt bei jenen Schülern die aus dem Segelflug kommen. Denn dort sitzt man sehr wohl in der Mitte und die Centerline wird noch stärker in die Mitte geholt. Als Ergebnis dieser Nasenlage ergibt sich dann natürlich auch ein Abdriften nach links.
Habt ihr schon beobachtet, dass selbst viele alte Hasen immer leicht links der Centerline landen?
Eine unbewusst angewandte, falsche Blicktechnik ist der Grund!

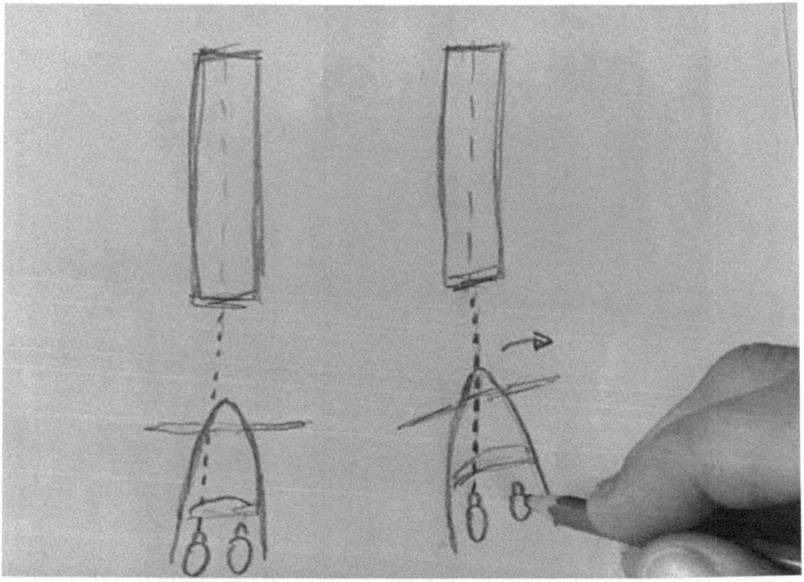

Nicht jedes Flugzeug hat natürlich dieselben geometrischen Formen. So wirkt sich die Nasenoptik bei einer Katana, Aquila oder einer Dimona wesentlich stärker aus als z.B. bei einer Cessna. Dies hängt mit der Formgebung der Cowling zusammen. Je flacher diese oben ist, umso weniger Auswirkung hat sie im Anflug auf diese optischen Eindrücke.

Wo gehört nun grundsätzlich die Centerline-Flucht hin?
Die Soll-Linie liegt ziemlich genau über dem „Sixpack“ der Flugüberwachungsinstrumente.

Nachdem es hier um optische Wahrnehmung, Eindrücke und Interpretationen geht, kann ich nur den einen Tipp geben…
Zeichnen, zeichnen, zeichnen…!
Auch wenn man über kein großes künstlerisches Talent verfügt, kann man solche einfachen Erklär-Skizzen in wenigen Sekunden anfertigen.

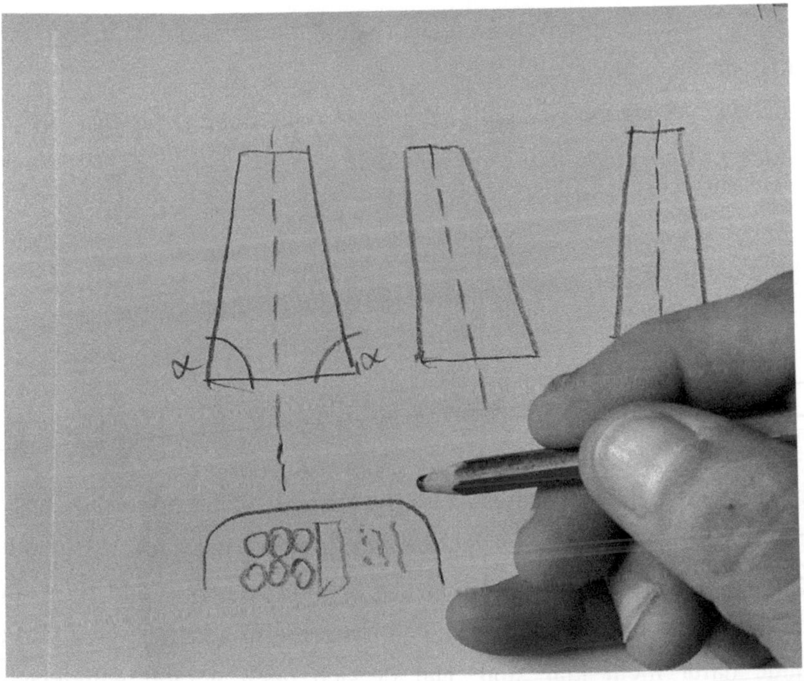

Eindrehen auf die Centerline

Pistenmitte überschossen – was nun?
Auf jeden Fall keine steile Kurve mit viel Anstellwinkel und wenig Geschwindigkeit machen, um wieder in die Pistenverlängerung zurückzukommen! Dies ist ein äußerst gefährlicher Zustand und deshalb unbedingt zu vermeiden. Einfach mit einer moderaten Schräglage wieder zurückfliegen und von der anderen Seite erneut einfädeln. Wenn sich das gar nicht ausgehen sollte – durchstarten > „Go around" melden und noch eine Platzrunde fliegen. Das ist in diesem Fall immer noch die sicherste Variante. Nehmt euren Schülern auch von Anfang an die weit verbreitete „Durchstarthemmung".
Eine Lande-Freigabe ist kein zwingender Befehl zur Landung. Der PIC trifft die Entscheidung und sonst niemand!

Wenn du einen Vorgang hinterher erklären und plausibel begründen kannst hast du prinzipiell etwas Richtiges gemacht!

Auf der Centerline bleiben

Sehr oft lässt sich beobachten, dass die gerade sehr schön eingefangene Centerline immer mehr zu tanzen beginnt, je näher wir dem Aufsetzpunkt kommen. Besser gesagt, unser Flugzeug beginnt zu gieren und zu pendeln und der Schüler wirkt in dieser Situation meist etwas hilflos, weil ihm die Gründe dafür nicht klar sind. Hat er sich doch gerade wunderschön ausgerichtet, und jetzt das!
Ein häufiger Grund für diesen beginnenden Eiertanz ist (wieder einmal) die vernachlässigte Seitenrudertechnik.
Das Seitenruder ist der direkteste Weg, eine Bewegung um die Hochachse

(also unsere Richtungssteuerung) zu beeinflussen. Stattdessen beginnen Schüler oft gerade im Endanflug alles mit dem Querruder korrigieren zu wollen. Auch wenn sie außerhalb des Landeanfluges die Ruderkoordination schon bestens im Griff zu haben scheinen.
Jetzt geht es wieder um das Bewusstmachen der einzelnen Vorgänge, bzw. um das klare Trennen dieser.
Sollte dies auch trotz mehrmalige Versuche nicht funktionieren gibt es auch dafür wieder eine bestens bewährte Übung.

Der Schüler fliegt alles selbst bis in den Endanflug – das Ausrichten funktioniert ja bereits.
Wir teilen uns wieder die Funktionen zwischen Lehrer und Schüler auf.
Der Lehrer übernimmt alles, bis auf das Seitenruder. So kann der Schüler sich zu 100% auf das konzentrieren, was mit dem Seitenruder zu tun ist. Ab dem Beginn des T/G Startlaufs übernimmt wieder der Schüler die Kontrolle – im Abflug ist das Problem meist weniger ausgeprägt. Nicht auf die klare Übergabekommunikation vergessen.
Nach einigen solchen Anflügen sitzt die notwendige Seitenruderarbeit meist gut und der Schüler kann wieder die gesamte Kontrolle übernehmen.
Es kann manchmal auch notwendig sein diesen Splitting- Vorgang auch mit allen anderen Steuerelementen zu wiederholen. Das heißt der Schüler übernimmt nur Stick/Steuerhorn und der Lehrer macht alles andere.
Wir machen dies so lange bis alle Einzelfunktionen durchgespielt sind. Erfahrungsgemäß bringt dieses Splitting einen richtigen „Schub“ im Verständnis und in der Umsetzung.
Ein guter Input für die Schüler ist meist auch alleine der Hinweis, dass sie im Endanflug mit dem Querruder hauptsächlich die Flügel sauber waagerecht, und die Richtung mit dem Seitenruder halten sollen.

Die Centerline sitzt – jetzt fehlt noch der Gleitweg

Nachdem die erste Übung erfolgreich gemeistert wurde und der Schüler es schon gut schafft die Centerline „einzufangen“, geht es nun um die Optimierung des Anflug-/Gleitweges. Neben der Konzentration auf die Centerline habt ihr ja – zunächst noch so ganz nebenbei – auch bereits Platzrunden mitsamt Touch and Go Landungen gemacht. Kaum ein Schüler kann sich in dieser Phase schon auf alles gleichzeitig konzentrieren. Deshalb belasse ich es beim „Feintuning“ auch in der bewährten „Modulbauweise“. Ein Baustein nach dem anderen fügt sich zusammen, bis die ganze Platzrunde ohne nenneswerte Fehler funktioniert. Dies hat sich einfach am besten bewährt.

Zum Thema Gleitweg gibt es da und dort Diskussionen unter Kollegen, die manchmal fast mit religiöser Inbrunst geführt werden.
Was ist aber nun die einzige wahre und richtige Methode?
Mein Standpunkt dazu ist bereits hinlänglich bekannt: *Es gibt keine!*
Auch Aussagen wie: „So lernt es der Schüler am schnellsten“, sind nicht mein Fall.

Schüler müssen nicht schnell, sondern vor allem gut lernen.

Jeder Schüler sollte möglichst mehrere Methoden kennenlernen dürfen. Die starre Denkweise, dass nur ein einziger Zugang zu einem Thema Gültigkeit hat, ist didaktisch schon lange überholt und erfüllt in keiner Weise den Anspruch an einen zeitgemäßen und erwachsenentauglichen Unterricht.

Wir unterscheiden bei diesem Thema grundsätzlich dieselben beiden Ansätze, wie wir sie bereits im Kapitel „Slowflight“ kennengelernt haben.

Speed by pitch – glideslope by power
Speed by power – glideslope by pitch

Es ist dabei auch völlig nebensächlich welche wir nun als “Methode1und welche als „Methode2” bezeichnen.

Die Vor- und Nachteile der einzelnen Methoden.

Keine Version hat nur Vor- oder nur Nachteile. Es hat auch hier immer alles zwei Seiten, die ich nun gegenüberstellen möchte.

Speed by pitch – glideslope by power

Ich beginne gerne mit dieser Methode und werde auch gleich meine Gründe hierfür näher erläutern.
Durch das Halten der Speed mit dem Stick oder dem Steuerhorn trainiert man sehr gut den *„Überlebensreflex“*.
Was ist das?
Sehr vereinfacht ausgedrückt: Fahrt weg – Nase runter!
Das ist nämlich auch im Notfall gut anwendbar, wenn z.B. das Triebwerk ausgefallen ist. So lange das Flugzeug in einem gesunden Bahnneigungsflug mit sauber kontrollierter Geschwindigkeit gehalten wird, ist es auch voll kontrollierbar. Besonders drastisch wirkt sich speziell der Motorausfall nach dem Start aus.
Wenig Speed, Steigflug und wenig Höhe ist eine ungünstige Konstellation um lange nachdenken zu können. Da muss die Nase SOFORT runter.
Siehe auch Kapitel „Ankern“ und „Departure Briefing“.
Wofür diese Methode im Anflug eher nicht gut geeignet ist...
Speziell bei langen Endanflügen ist es mit dieser Technik sehr schwierig einen kontinuierlichen Approach bis zum Aufsetzpunkt zu fliegen. Es wird sich ein ständiges Auf- und Ab um den Soll-Gleitweg entwickeln, das gerade bei einem Anflug unter Zuhilfenahme der PAPI/VASI oder bei einem ILS-Approach störend ist.

Speed by power – glidslope by pitch

Dies ist die vermeintlich “direktere” Art auf einem Gleitpfad zu bleiben. Es entspricht einer logischen Abfolge,

zu tief = hinauf, zu hoch = hinunter.

Dabei verändert sich durch das Variieren des Anflugpfades natürlich auch die Airspeed. Dies wird dann mit einer Erhöhung, bzw. Verringerung der Leistung ausgeglichen.

Den oben angeführten Überlebensreflex trainiert diese Art des Anfluges allerdings nicht. Der sollte bei Anwendung dieser Technik bereits vorher tief ver“ankert“ worden sein.

Der Vorteil hier liegt auf der Hand - eine saubere Möglichkeit, einen langen gleichmäßigen Sinkflug ohne nennenswerte vertikale Abweichungen fliegen zu können.

Wofür diese Methode im Anflug eher nicht gut geeignet ist...

Auf kleinen Flugplätzen oder bei einem Short-Approach, also immer dort, wo keine Möglichkeit besteht, einen definierten Endanflug fliegen zu können, ist diese Anflugvariante schwierig umzusetzen.

Bei den meisten Piloten die ich kenne hat sich im Laufe der Zeit eine Mischform entwickelt, wo es gar nicht immer eindeutig zuzuordnen ist, welche Methode gerade die dominante ist.

Genau aus diesem Grund sehe ich es als so wichtig an, alle möglichen Varianten zu vermitteln und auch immer wieder ganz bewusst anzuwenden. Je nach Situation des Anfluges der gerade bevorsteht.

Jede Technik die zu einer sicheren Landung führt hat ihre Berechtigung

...selbst dann, wenn sie einen Airbus A320 im Segelflug in den Hudson River führt.

Der Abfangbogen

Ein simpel klingendes Wort zu einem großen Thema....
Eine kleine Ruderbewegung mit großer Wirkung....
Die variantenreichste Luftschicht der Fliegerei...

Dies alles kann man dem wohl kniffligsten Bogen der Fliegerei zuordnen.

Prinzipiell müssen wir beim Erarbeiten der Landetechniken auch ein wenig auf die unterschiedlichen Bauweisen der verwendeten Schulflugzeuge eingehen. Heutzutage werden zwar hauptsächlich Bugradflugzeuge verwendet, aber es gibt trotzdem immer wieder auch Spornradflugzeuge, die für die Grundausbildung zum Einsatz kommen.
Speziell beim Erwerb einer LAPL/PPL mit der Klassenberechtigung TMG begegnen wir den verschiedenen Varianten der Dimona oder auch dem legendären und vor allem in Vereinen noch immer weit verbreiteten Scheibe Falken.
Doch zunächst geht es einmal um die Grundsätze der Abfangtechnik, welche alle Bauweisen gemeinsam haben.

Eine gute Landung hat ihren Ursprung in einem sauber kontrollierten Anflug.

Wir üben von Anfang an die Ziellandung, egal wie groß der Platz und seine Piste auch sein mögen. Das Ziel sollte ja sein, all jene Fertigkeiten zu erwerben, die es auch ermöglichen, sicher auf einem kleinen Platz zu landen. Auch eine eventuell einmal notwendig werdende Außenlandung ist hier ein Thema. Die Großzügigkeit im Umgang mit dem Platz rächst sich spätestens dann, wenn einmal wirklich punktgenaues Landen gefordert ist.
Welche Schwierigkeiten man am öftesten beobachten kann:

Der Anflug passt gut, aber der Schüler fängt gar nicht oder viel zu spät ab. Er würde also ohne Intervention des Lehrers einfach in den Boden fliegen. Ob diese Intervention jetzt manuell, also durch Eingreifen in die Steuerung oder rhetorisch erfolgt, indem der Lehrer ansagt, wann der richtige Moment für das Flare-out gekommen ist, hängt vom Ausbildungsstadium ab.

Bei der zweiten Version ist ebenfalls der Anflug sauber und kurz vor dem Aufsetzpunkt zieht der Schüler, was ja auch prinzipiell richtig ist, aber viel zu stark und auch oft sehr ruckartig.
Damit steigt das Flugzeug kurz wieder weg und befindet sich dann unversehens wieder in einigen Metern Höhe - aber dann natürlich mit zu wenig Fahrt.

Nun gilt es den oft zitierten goldenen Mittelweg zu finden. Klingt ja so einfach – ist es für uns auch – nicht aber für den Flugschüler.
Was im Reiseflug gilt, hat auch für die Landung meist seine Gültigkeit. Kleine und runde Inputs sind sinnvoller als zu große und zu heftige. Diese bringen nur Unruhe in den jeweiligen Vorgang.

Ich nenne dies gerne und ein wenig scherzhaft…

„Homöopathisches Fliegen“

Blicktechniken die den Anflug und die Landung erleichtern

Die „Angle-Vision-Methode“

Einer der schwierigsten Punkte beim Landetraining ist sicher das richtige Erfassen der Höhe über der Piste.

Was wir auch schon beim Anflug intensiv trainiert haben, ist für die Landung genauso wichtig und hilfreich: die richtige Blicktechnik!

Die Blickrichtung bleibt ab dem Final an der Flugzeuglängsachse.

Zuerst auf den Visierpunkt und ab dem Punkt des Flare-outs wandert der Blick vor dem Aufsetzen mit der Änderung des Anstellwinkels an das Pistenende.

Auch hier – wie beim Endanflug - sind die erfassten Winkel unsere Hauptinformationsquelle.

Der Begriff „Angle-Vision“ bedeutet das Erfassen der Pistenränder im peripheren Sehen – also praktisch aus dem Augenwinkel.

Diese Methode benötigt natürlich auch eine gute Anleitung des Fluglehrers.

Viele Schüler müssen sich richtiggehend zwingen *nicht* seitlich oder unmittelbar vor dem Flugzeug auf den Boden zu blicken. Doch gerade diese falsche Blicktechnik macht die Landung noch schwieriger, da es über einem bewegten Untergrund fast nicht möglich ist, die eigene Höhe gut einzuschätzen.

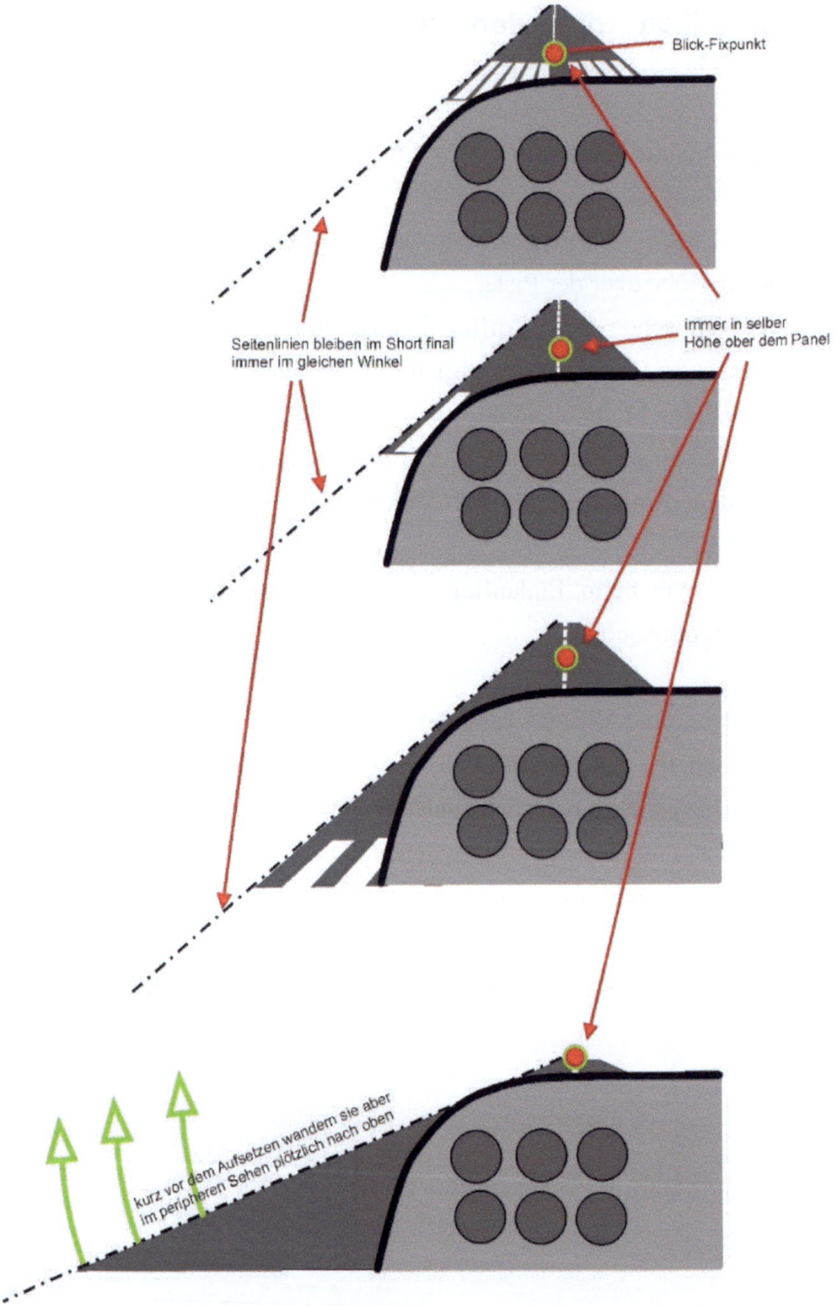

Blick-Fixpunkt
Seitenlinien bleiben im Short final
immer im gleichen Winkel
immer in selber
Höhe ober dem Panel
kurz vor dem Aufsetzen wandern sie aber
im peripheren Sehen plötzlich nach oben

Dies sollte dem Schüler eine Hilfestellung bieten, um den richtigen Moment für das Anheben der Flugzeugnase in die ideale Position leichter zu erkennen. Eine sehr gute Übung zum Festigen des Gefühls für die Höhe über der Piste ist auch die folgende.

„Low Approach extra long Version“

Es ist dies eine spezielle Form, bzw. eine Variation des Low-Approach.
Wir sinken mit dem Flugzeug mit verminderter Leistung und der richtigen Endanfluggeschwindigkeit in Landekonfiguration auf etwa 1-2 Meter Höhe über der Piste. Dann halten wir diese Höhe ein, ohne aber dabei die Geschwindigkeit zu verändern. Auch die Centerline sollte dabei nicht verlassen werden.
Diesen Flugzustand behalten wir dann über die gesamte Pistenlänge bei. Damit hat der Schüler relativ lange Zeit, sich die Optik und die Winkel einzuprägen. Bei einer normalen Landung ist dies nur in einem eng begrenzten Zeitraum möglich.
Gerade weil sich der eigentliche Aufsetzvorgang bei einer normalen Landung nur in einem sehr kurzen Zeitfenster abspielt, erschwert dies das Verarbeiten und Festigen dieser optischen Informationen wesentlich.
Ich wende diese Übungsweise sehr gerne bei Schülern an, denen die Höheneinschätzung besondere Schwierigkeiten bereitet.

Der Low-Approach in der „extra long“ Version

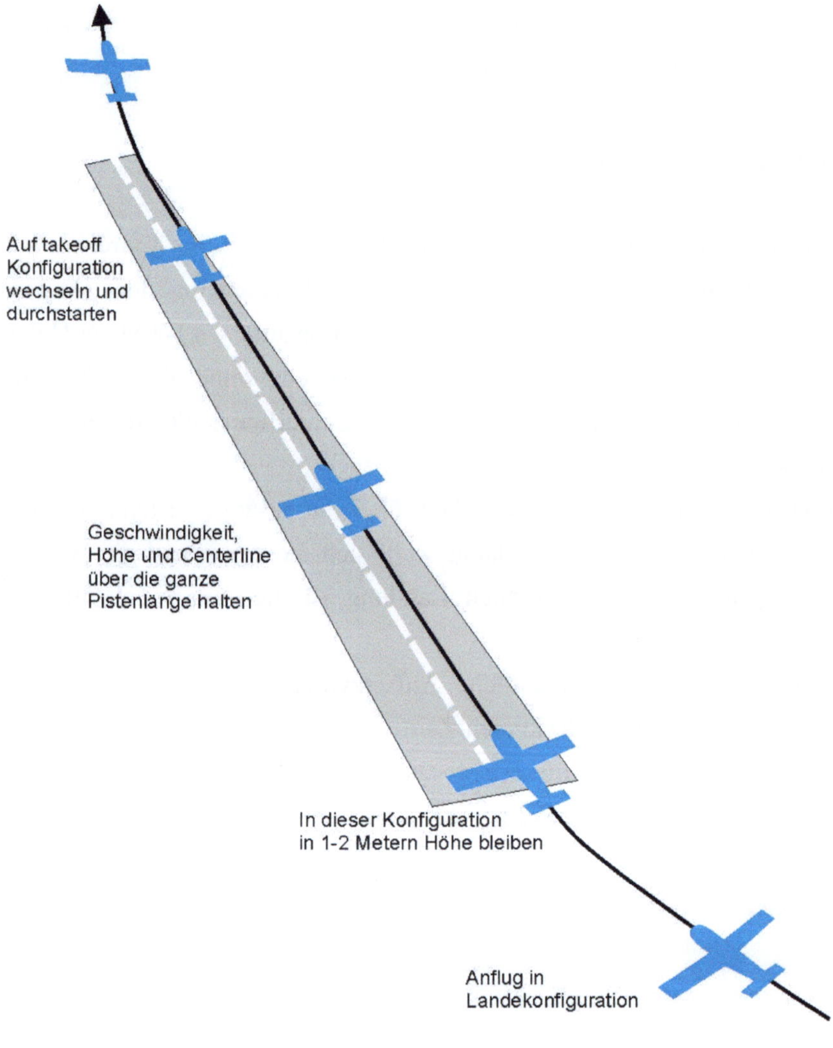

Die “Nose-up on Ground” Methode

Um dem Schüler das solide Einprägen der richtigen Fluglage im Aufsetzmoment zu erleichtern gibt es auch noch ein weiteres, sehr einfach umzusetzendes Verfahren.
Sucht euch auf der Abstellfläche eine Blickrichtung mit einem guten Ausblick für eine bestmögliche Horizontreferenz. Dann richtet das Flugzeug mit der Nase dorthin aus. Der Schüler setzt sich ins Cockpit. Der Lehrer geht ans Heck der Maschine und drückt dieses so weit nach unten, dass sich es sich etwa in der Aufsetzlage befindet.
Oft ist es Schülern überhaupt nicht bewusst wie weit die Nase tatsächlich über dem Horizont sein muss, um eine saubere Landung zu machen. Wenn nicht ausreichend gezogen wird werden die Landungen eher „gestrichen“, was aber nicht das Ziel ist.

Normallage am Boden

Bei Spornradflugzeugen ist es, abgesehen von den restlichen Tücken dieser Bauweise beim Landen, auch direkt vor dem Start noch möglich, den Blick zu „kalibrieren". Diese Flugzeuge stehen nämlich in dieser Situation genauso, wie sie bei der späteren Landung auch aufgesetzt werden sollten. In Dreipunktlage – und natürlich mit voll gezogenem Höhenruder bis zum Stillstand.

Auch beim Üben des richtigen Aufsetzens kann das *Ruder-Splitting* mitunter hilfreich sein. Denn wie auch bei den anderen, bereits besprochenen Übungen kann diese Vorgangsweise etwas Klarheit in den Kopf des Schülers bringen. Die Zeit zum Erkennen von Zuständen und Situationen ist beim Flare-out eben, wie schon erwähnt, einfach zu knapp.

Zusätzlich zur reinen Angle-Vision-Methode hier auch noch eine Erklärungsmöglichkeit aus einer anderen Perspektive.

Wir fliegen in Landekonfiguration möglichst gleichmäßig und ruhig auf unseren Visierpunkt zu.

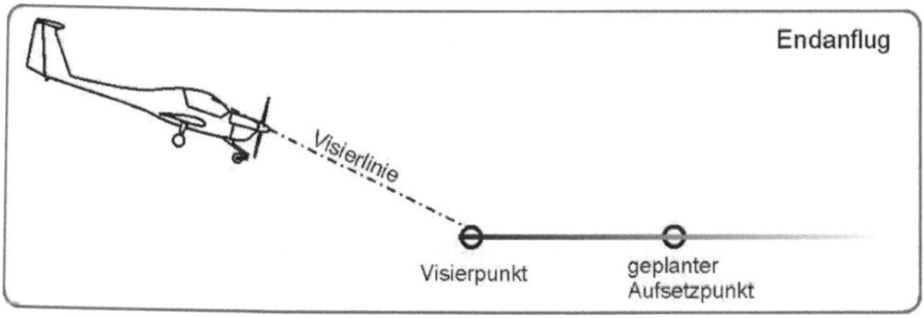

In dieser Phase hilft es auch zu beobachten ob sich der Visierpunkt in seiner Höhe über dem Panel verändert.

Wenn die Anfluggeschwindigkeit passt und stabil ist – einfach ohne viel zu verändern weiterfliegen. Nur reagieren, wenn der Punkt nach oben oder unten wandert

Bringe in Deinen Endanflug möglichst viel Ruhe hinein.

Am Visierpunkt kann man nun den Abfangbogen einleiten.
Hier darauf achten, dass der Blick nicht vor dem Flugzeug am Boden „kleben“ bleibt.

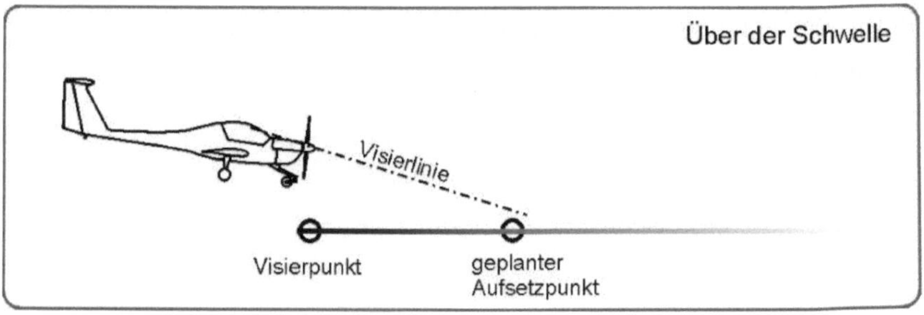

Beim eigentlichen Flare-out sollte der Blick etwa an der Flugzeuglängsachse bleiben.

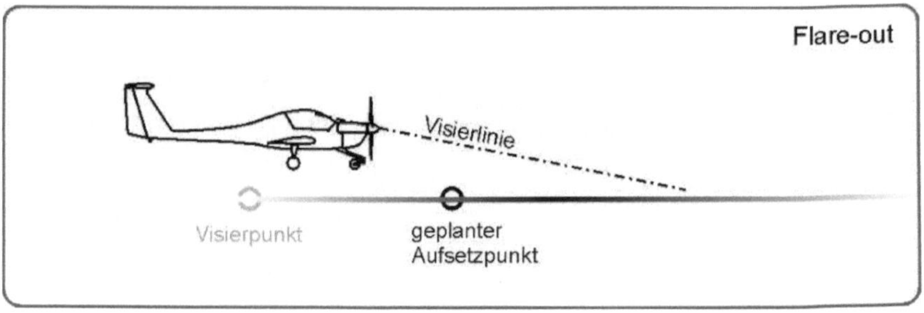

Der Blick wandert ans Pistenende – bei den meisten Flugzeugen ist beim Aufsetzen die Nase am Pistenende

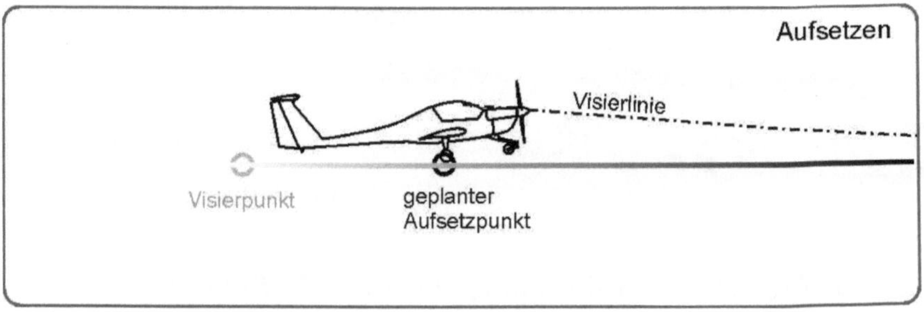

Dies wird dann etwa so aussehen…

Damit auch wieder einmal der Humor ins Spiel kommt…

Eine gute Landung war es, wenn der Pilot aus eigener Kraft das Luftfahrzeug verlassen kann.
Eine perfekte Landung war es, wenn das Luftfahrzeug danach noch einmal verwendet werden kann.

Lasst euch nicht entmutigen –
Jeder der es wollte hat es auch erlernt !

Der „Zerhacker" der Strömung im Flare-out

Wenn ihr die Schüler im Übergang zwischen kurzem Endanflug und Ausschweben - beobachtet, werdet ihr bemerken, dass gerade in jenem Moment, wo das Gas vor dem Flare-out ganz herausgezogen wird, die Flugzeugnase oft plötzlich auf die Seite davondriftet.

Diese Erscheinung hängt damit zusammen, dass im *Standard*-Endanflug noch etwas Leistung stehen bleibt.

In dieser, noch stabilen Phase, sind die Seitenflosse und das Ruder noch sauber angeströmt und das Flugzeug lässt sich auch mit relativ kleinen Inputs noch sauber um die Hochachse führen – genauso wie wir es ja auch zuvor geübt haben. Aber genau in jenem Moment, wo die Leistung ganz auf Leerlauf reduziert wird, kommt statt einer sauberen, ungestörten Propellerströmung ein ungeordnetes Chaos am Seitenleitwerk an. Der nun sehr langsam drehende Propeller „zerhackt" richtiggehend alles, was an Strömung noch da ist.

Die Ausschläge müssen demnach deutlich größer werden um dies ausreichend zu kompensieren. Sehr oft resultieren geschobene Landungen aus diesem Effekt, obwohl der gerade zuvor durchgeführte Anflug durchaus sauber gewesen sein kann.

Bereitet den Schüler auf diesen Moment vor, denn er wird es sich kaum erklären können, dass die Landung, bzw. das unmittelbar danach folgende Ausrollen nicht so gelingt wie man es sich vorstellt, obwohl der ganze Anflug sauber geflogen wurde.

Gerade der Wechsel von einer Gras- auf eine Betonpiste kann dies recht drastisch aufzeigen. Was sich am Gras durch unauffälliges, seitliches Rutschen kaum bemerkbar macht, verschafft uns auf einer griffigen Hartbelagbahn eine (nun auch gefühlte) Schiebelandung und unschönes Pendeln um die Hochachse beim Ausrollen.

Den „Zerhacker"-Effekt kann man auch bei Spot-Landings deutlich spüren.

Nur wesentlich früher – nämlich bereits im Anflug. Besonders ausgeprägt ist dies bei TMG, die schon konstruktionsbedingt mehr Seitenruder brauchen.

(Siehe Skizze S. 180) – *Bereitet eure Schüler darauf vor!*

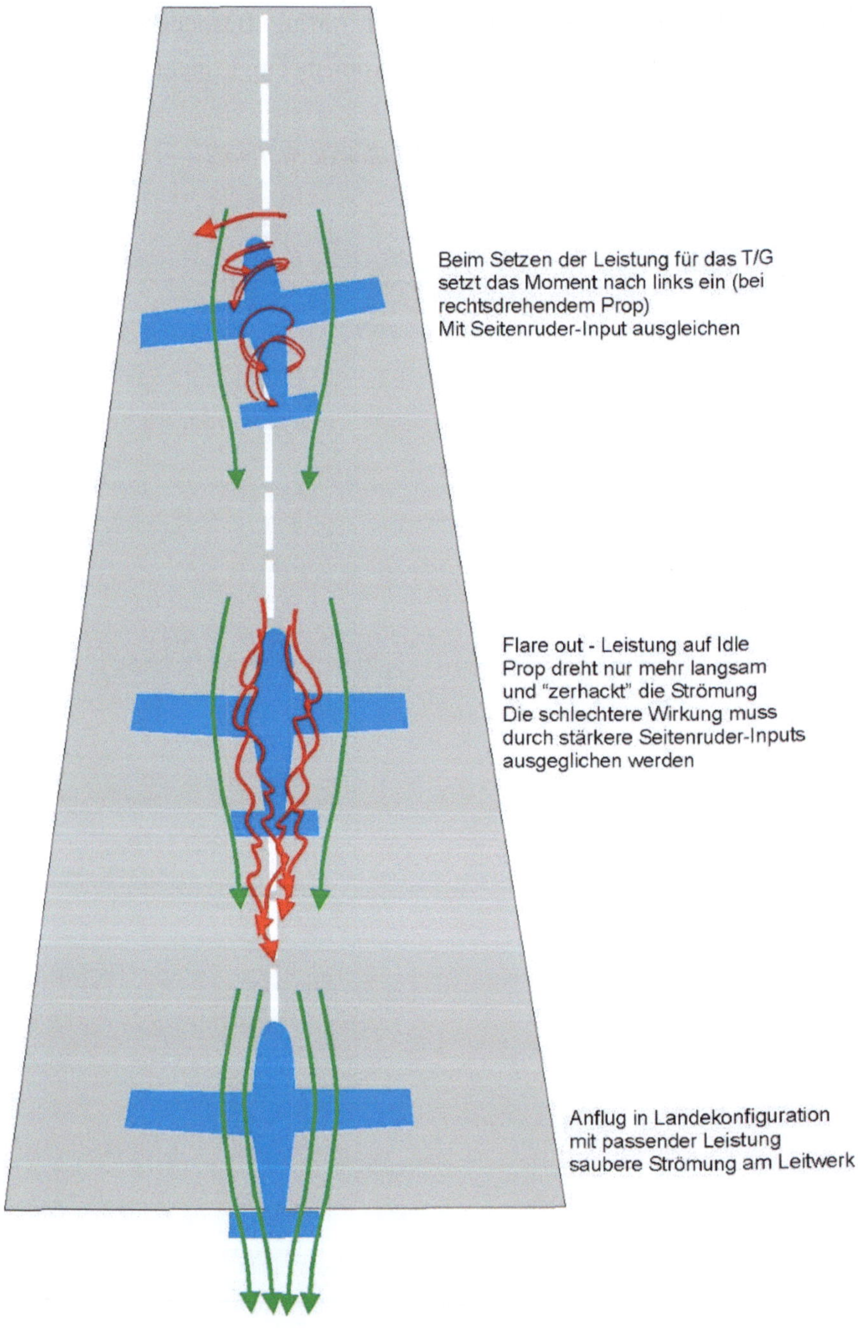
Beim Setzen der Leistung für das T/G
setzt das Moment nach links ein (bei
rechtsdrehendem Prop)
Mit Seitenruder-Input ausgleichen
Flare out - Leistung auf Idle
Prop dreht nur mehr langsam
und "zerhackt" die Strömung
Die schlechtere Wirkung muss
durch stärkere Seitenruder-Inputs
ausgeglichen werden
Anflug in Landekonfiguration
mit passender Leistung
saubere Strömung am Leitwerk

Damit nichts schiefgeht, wenn was schiefgeht…

Emergency Training

Einen gar nicht so kleinen Teil einer Flugausbildung ist dem Thema Emergencies gewidmet.
Die Einleitung „in case of…“ ist etwas Wesentliches und wir sind aufgrund unserer Tätigkeit als Pilot auf einem anderen Status wie z.B. ein Autofahrer. Dieser hat immerhin die Möglichkeit, im Falle eines technischen Problems einfach anzuhalten. Man darf sich niemals der trügerischen Sicherheit hingeben, dass schon alles funktionieren werde.
Eine gute Vorbereitung auf unterschiedlichste Notfälle bringt uns im Ernstfall viele zusätzliche Optionen. Wir üben hauptsächlich dafür, dass wir diese Procedures immer parat haben, wenn wir sie brauchen.
Ich möchte jetzt hier ein ganz spezielles Thema herausgreifen, welches zwar überall in *irgendeiner* Form geübt wird, mich aber die Methoden, die ich im Laufe der Zeit beobachtet und kennengelernt habe, nicht überzeugt haben.
Der Motorausfall kurz nach dem Start.
Wir stehen am Rollhalt und machen unser Departure Briefing. Dieses enthält natürlich auch den Punkt – „was tun im Falle eines Motorausfalls nach dem Start…?“
Immer wieder hört man dabei folgenden Satz: „Beim Motorausfall nach dem Start unter der Sicherheitshöhe geradeaus landen und nicht umdrehen“. Üblicherweise frage ich dann aber nach: „Und wie hoch ist deine Sicherheitshöhe?“. Meist kommt die Antwort sehr prompt: (z.B.) „2000ft!“
Doch woher will der Schüler dies so genau wissen?
Meist hat es ihm ein Lehrer, in durchaus *guter Absicht* so gesagt. Doch stimmt das auch?
Von meiner Seite kommt hier ein klares „Nein!“

Ich bin kein großer Freund von solchen starren Werten. Jedes Flugzeug reagiert anders, jeder Pilot fliegt eine etwaige Umkehrkurve anders. Der Höhenverlust ist demnach auch nicht in starre Zahlen zu fassen.

Um diesen Wert wirklich zu ermitteln verwende ich ein gefahrloses Verfahren, wo *der Schüler selbst* seine sichere Höhe für ein solches Umkehrmanöver erfliegt.

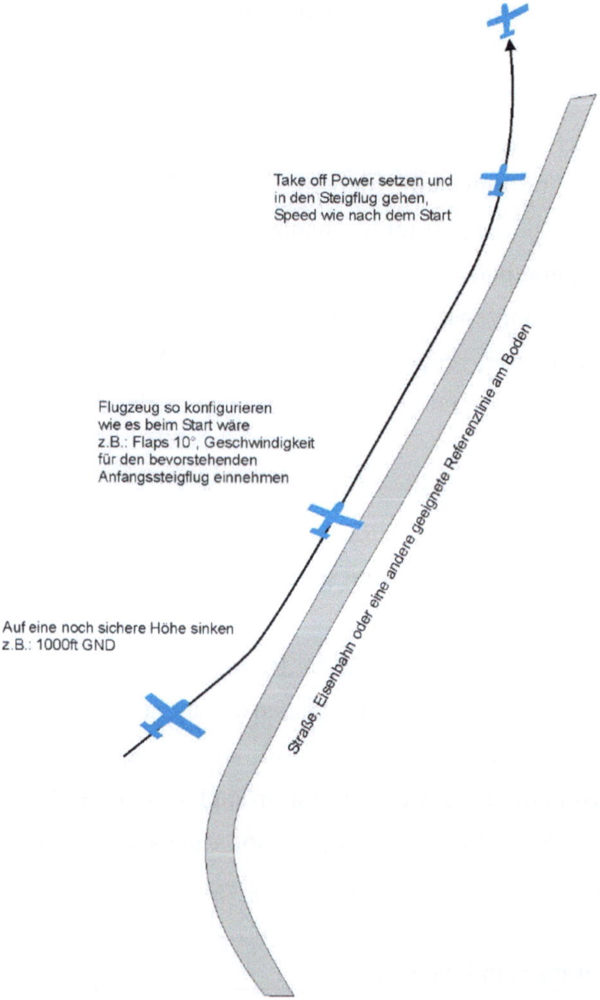

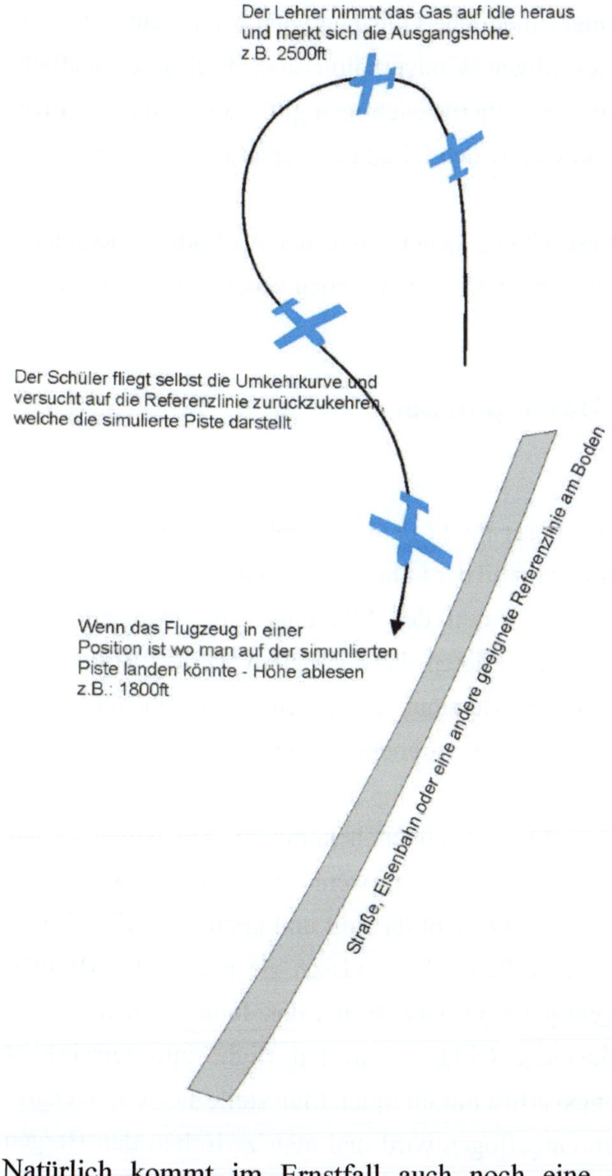

Natürlich kommt im Ernstfall auch noch eine „Schrecksekunde" als Reaktionszeit hinzu. So sollte man nicht unbedingt den so erflogenen Wert als Maß der Dinge heranziehen und auch noch eine Sicherheitsreserve hinzurechnen. Auf jeden Fall wird anhand dieser Übung auch sehr deutlich,

wie verschieden sich unterschiedliche Flugzeugtypen bei diesem Manöver verhalten können. Die jeweiligen Windverhältnisse sind selbstverständlich auch noch ein Thema, das es zu berücksichtigen gilt. Eure Schüler werden nach Durchführung dieser Übung den Inhalt des Departure Briefings sicher mit ganz anderen Augen sehen.
Interessant ist auch, diese Übung gegen Ende der Ausbildung nochmals durchzuführen. Da kann sich nämlich inzwischen schon einiges verändert haben.

Basic Instrument Training in der Grundausbildung

Viel wurde diskutiert, als dieser Punkt in die Lehrpläne Eingang gefunden hat. Ein nicht unbeträchtlicher Teil der Lehrer-Kollegen hat mit Kritik daran nicht gerade gespart. Viele waren der Meinung, dass man mit dem Vermitteln dieser Fähigkeiten Piloten dazu verleiten würde, VFR durch Wolken zu fliegen. Dieser Meinung kann ich mich absolut nicht anschließen. Meine Erfahrung geht vielmehr in eine ganz andere Richtung – nämlich, dass Flugschüler gerade erst durch diese Übung großen Respekt vor dem Fliegen ohne Sicht nach außen bekommen. Sie haben es am eigenen Leib gespürt was es bedeutet, wenn der Gleichgewichtssinn Flugzustände vorgaukelt, die gar nicht da sind und auch wie schnell man komplett die Orientierung verliert. Meist wissen sie nach 5-10 Minuten nicht mehr, wo sie eigentlich sind. Gerade bei der, leider immer wieder vorkommenden Unfallursache CFIT (controlled flight into terrain) ist genau dieser Orientierungsverlust mit im Spiel. Man stelle sich ein Szenario vor, wo VFR in Wolken eingeflogen wird und man zwischen den Bergen unterwegs ist. Ob absichtlich oder versehentlich ist nicht das Thema – es passiert!
Viele moderne Glascockpit Systeme gaukeln nur eine trügerische

Sicherheit vor. Ohne IFR Berechtigung und entsprechende Freigabe wird nicht in Wolken eingeflogen!
Was passiert aber, wenn man doch versehentlich in eine Wolke gerät?
Ein kleines Beispiel: Einige Wolken, durch die man manchmal meint schon hindurchsehen zu können, liegen genau auf dem Flugweg. Kein großes Problem. Mit leichten Kurskorrekturen kann man diesen meist gut ausweichen. Aber gerade wenn man beispielsweise im Sommer gegen Mittag Richtung Süden fliegt und die Sonne stark blendet, wird eine Wolke schon mal ganz einfach nicht rechtzeitig erkannt und schon ist der VFR Flug in IMC. Ohne Sicht nach außen.
Genau hier liegt nun der Sinn dieser Übung. Auch ein LAPL oder PPL Pilot muss in der Lage sein, mit einer sauber geflogenen 180°-Kurve in die Gegenrichtung wieder aus der Wolke herauszufliegen.
Dies ist die einzig sinnvolle Methode, dort so schnell wie möglich wieder herauszufinden. Wenn man nun einfach weiterfliegen würde setzt man sich der Gefahr aus, dass es unter Umständen nicht nur eine Wolke ist, sondern eine größere kompakte Schicht. Aus dieser wieder sicher herauszufinden ist dann nicht mehr ganz einfach - vor allem, wenn man auch noch unter Stress gerät, was in dieser Situation eine normale Reaktion wäre.

Eines der gängigsten Tools ist eine IFR Trainingshaube wie diese…

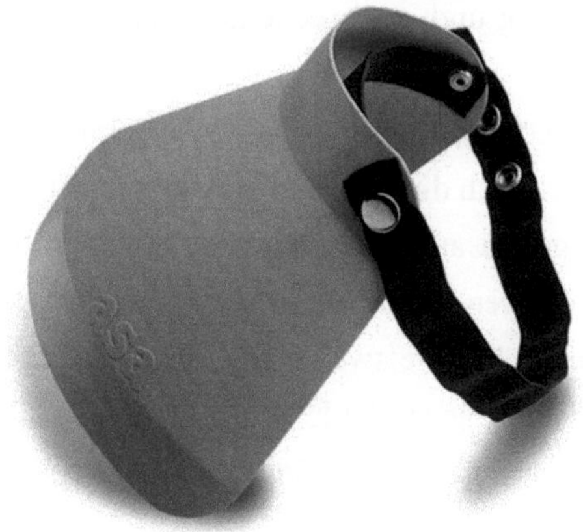

[www.eisenschmidt.aero]

Sie erschweren den Blick nach außen und geben hauptsächlich den Blick auf die Instrumente frei. Einen Nachteil haben sie allerdings. Die Abschottung von der Außenwelt ist nicht so rigoros wie es bei einem Einflug in Wolken wäre. Trotz der Haube sieht man z.B. am Panel immer noch den Schattenwurf der Sonne. Dies erleichtert die ganze Sache doch noch ein wenig.

Deshalb habe ich für diese Übung eine spezielle Hilfe entworfen und gebaut.

Der große Vorteil beim Fliegen unter dieser Haube liegt darin, dass der Schüler wirklich komplett von der Außenwelt abgeschottet ist. Es wird sogar gleich dunkel wie in einer echten kompakten Wolke. Die Luftraumbeobachtung vom rechten Sitz funktioniert trotzdem immer noch zufriedenstellend.

Zusammengefaltet lässt sich dieses, einfach selbst herzustellende Tool mit 55cm Länge (zusammengefaltet) gut in einer Fliegertasche mitnehmen.

Als Material eignet sich entweder ein festerer Karton oder aber auch dünne Sperrholzstreifen.
Ich habe es aus Karton gebaut und die Festigkeit ist damit ausreichend. Immerhin verwendet man so etwas ja auch nicht täglich.
Falls es um einen echten Dauereinsatz gehen sollte, wäre wahrscheinlich die Sperrholzvariante die bessere Wahl. Die Verklebung erfolgt mit einem textilverstärkten Klebeband, welchem gleichzeitig die Scharnierfunktion zufällt.

Selbstverständlich gibt es hier auch gleich eine Bauanleitung.
Aus einer Ecke wird dann entsprechend dem Panel ein rechteckiges Stück. Damit hält es praktisch von selber am Instrumentenbrett und ein Teil hängt auf der rechten Seite des Schülers herunter, was auch den Blick nach rechts unterbindet. (Siehe Fotos)

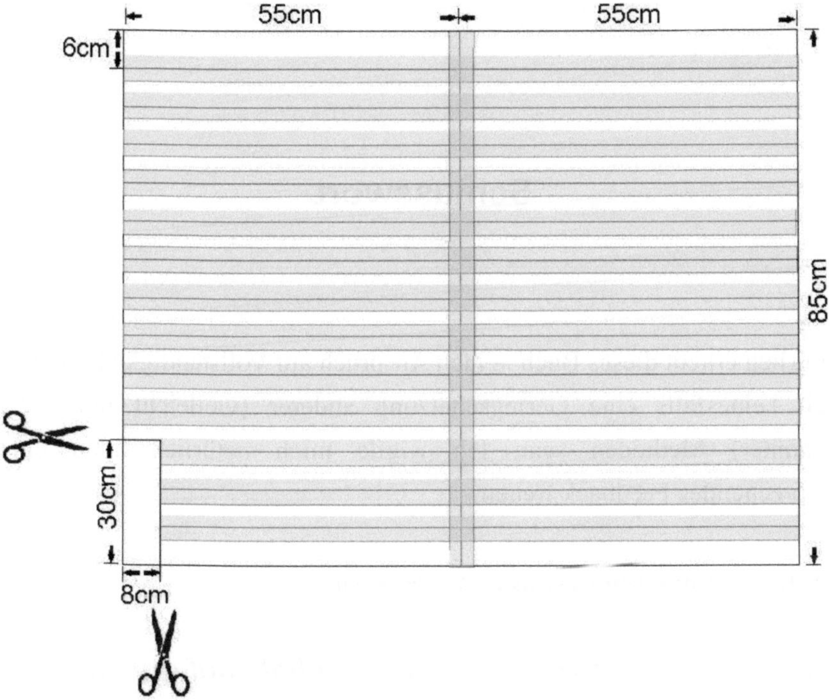

An Panel anpassen
(Beispielmaß für DA20)

Schlusswort

Natürlich erhebt dieses Buch keinen Anspruch auf Vollständigkeit und soll auch keinesfalls eine Geringschätzung anderer (vielleicht mir nicht bekannter) Methoden sein. Ich würde mich natürlich auch über entsprechendes Feedback freuen.

Denn… es gibt immer etwas zu verbessern…

Wer aufhört besser zu werden, hört bald auf gut zu sein.

Auf weiterhin sicheres und vor allem auch genussvolles Fliegen.